ISSN 0365 - 6470

ABHANDLUNGEN DER SÄCHSISCHEN AKADEMIE
DER WISSENSCHAFTEN ZU LEIPZIG

Mathematisch-naturwissenschaftliche Klasse
Band 56 · Heft 2

WOLFGANG HORLBECK
HANS-HEINZ EMONS

SPEKTROSKOPISCHE METHODEN ZUR CHARAKTERISIERUNG GESCHMOLZENER SALZE

Mit 26 Abbildungen und 24 Tabellen

AKADEMIE-VERLAG BERLIN
1985

Vorgetragen in der Sitzung am 10. Februar 1984
Manuskript eingeliefert am 2. Mai 1984
Druckfertig erklärt am 19. September 1985

Erschienen im Akademie-Verlag Berlin, DDR-1086 Berlin, Leipziger Straße 3—4

Lizenznummer: 202 · 100/508/85
Printed in the German Democratic Republic
Gesamtherstellung: VEB Druckhaus „Maxim Gorki", 7400 Altenburg
LSV 1255
Bestellnummer: 763 483 6 (2025/56/2)

01200

INHALT

1. Einleitung

Geschmolzene Salze als ionische Flüssigkeiten mit sehr charakteristischen Eigenschaften stehen gegenwärtig immer mehr im Mittelpunkt des Interesses, sowohl hinsichtlich der Möglichkeiten ihrer technischen Anwendung als auch aus theoretischer Sicht, besonders in Richtung der Entwicklung von Strukturmodellen für Flüssigkeiten. Durch ihren Aufbau aus beweglichen Kationen und Anionen, zum Teil auch komplexen Ionen, sind sie für die Entwicklung von Modellen oft geeigneter als z. B. konzentrierte wäßrige Elektrolytlösungen.

Nach den bereits im 19. Jahrhundert durchgeführten Versuchen zur Herstellung von Metallen durch Schmelzflußelektrolyse bildete sich besonders in den Jahren nach 1945 ein relativ selbständiges Gebiet der Chemie und Elektrochemie geschmolzener Salze heraus, für das auch spezifische experimentelle Methoden entwickelt wurden.

Deutlich werden bei der Chemie geschmolzener Salze die wechselseitigen Zusammenhänge zwischen technischer Anwendung und Grundlagenuntersuchungen ihrer Eigenschaften, die sich gegenseitig befruchtend auswirkten. So bestand anfangs die Notwendigkeit, die wissenschaftlichen Grundlagen für die Verbesserung der Schmelzflußelektrolysen zu erarbeiten. Gleichzeitig konnte durch eine immer bessere Kenntnis der Eigenschaften von Salzschmelzen und besonders ihrer Mischungen deren Anwendungsgebiet erweitert werden.

Die technischen Anwendungsgebiete geschmolzener Salze lassen sich prinzipiell drei Gruppen zuordnen (Tab. 1), der Metallurgie und Elektrochemie, dem Energiesektor, den Reaktionsmedien.

Ausschlaggebend dafür sind solche Eigenschaften der Schmelzen wie z. B. ein breiter Temperaturbereich des flüssigen Zustandes, eine gute elektrische und Wärmeleitfähigkeit, ein hohes Lösevermögen für Gase, Metalle und Oxide, ein relativ geringer Dampfdruck.

Zu den geschmolzenen Elektrolyten gehören nahezu alle Salze, ferner die meisten Oxide, Hydroxide und Sulfide. Diese zeigen als Schmelze Eigenschaften, die in erster Linie durch interionische Wechselwirkungen der vorhandenen Ladungsträger bestimmt werden.

In der Literatur wird der Begriff der Salzschmelzen vielfach eingegrenzt. Silicatische und oft auch oxidische metallurgische Schlacken werden bei der Betrachtung ausgeklammert [4].

Ein umfangreiches Datenmaterial zu physikalisch-chemischen Eigenschaften reiner geschmolzener Salze, ihrer binären und auch komplexer zusammengesetzter Mischungen wurde in der Vergangenheit zusammengetragen. Erwähnenswert seien hier die zahlreichen Aktivitäten des Molten Salts Data Center am Rensselaer Polytechnic Institute Troy/USA unter der Leitung von G. J. Janz, das seit 1968 Angaben zur elektrischen Leitfähigkeit, zu Dichten, Viskositäten und Oberflächenspannungen sowie

Tabelle 1

Arten von Salzschmelzen und ihre Anwendungsgebiete [1–3]

SALZSCHMELZEN

Hydratsalzschmelzen	reine Salze und Mischungen	Metall-Salzschmelzen

Anwendungsgebiete

Elektrochemie Metallurgie	Energiesektor	Reaktionsmedien
Elektrolyse Galvanotechnik elektrothermische Prozesse Oberflächenbehandlung Schlackengleichgewichte bzw. -verteilungsgewichte	Kernkraftwerke Aufbereitung von Kernbrennstoffen Batterien/Brennstoffzellen Energieübertragung	Lösungsmittel Synthesen Katalyse/Katalysatoren Extraktion/Ionenaustausch

zu den Schmelzdiagrammen gesammelt, einer kritischen Wertung unterzogen und entsprechende Referenzdaten für reine Salze und binäre Mischung veröffentlicht hat [5]. Parallel dazu erfolgte von der gleichen Gruppe eine Zusammenstellung physikalischer Daten geschmolzener Salze, die für eine Energiespeicherung Bedeutung besitzen [6].

Eine mehrbändige Ausgabe von Schmelzdiagrammen von Salzsystemen binärer, ternärer und reziproker Mischungen wurde in den Jahren von 1977 bis 1979 von Posypajko und Alekseeva in der UdSSR herausgegeben [7].

Übersichtsartikel und Fortschrittsberichte zu Forschungsergebnissen auf dem Gebiet geschmolzener Salze enthalten die von Mamantov und Braunstein herausgegebenen „*Advances in Molten Salt Chemistry*" [8].

Die immer stärkere Hinwendung zu Aspekten der technischen Anwendung geschmolzener Salze läßt sich auch an Hand der Vortragsprogramme der von Arbeitsgruppen in den sozialistischen Ländern in zweijährigem Rhythmus organisierten Konferenzen zur „Chemie geschmolzener Salze" und des von der Electrochemical Society der USA regelmäßig veranstalteten „International Symposium on Molten Salts Chemistry" ableiten.

Eine breitere Anwendung von Salzschmelzen für technische Zwecke wird derzeit noch durch eine Reihe von Schwierigkeiten eingeengt. Die wesentlichsten sind die kompliziertere Handhabung hoher Temperaturen (400···3000 K) sowie die Korrosions- und Werkstoffprobleme.

Etliche Eigenschaften von Salzschmelzen werden durch ihren charakteristischen Aufbau aus geladenen Teilchen (Anionen und Kationen) und deren Wechselwirkungen untereinander bestimmt. Coulomb-Kräfte als weitreichende Wechselwirkungskräfte sind sowohl in rein ionischen Salzen und Salzmischungen maßgebend als auch in Mischungen aus Salzen, die einen gewissen kovalenten Bindungsanteil aufweisen und zur Bildung komplexer Ionen neigen. Das unterscheidet sie sehr stark von anderen Elektrolytlösungen, bei denen die Eigenschaften vom Charakter des Lösungsmittels und von Solvatationsprozessen geprägt werden.

In der Literatur sind zahlreiche Versuche beschrieben, auch für Salzschmelzen Modelle von Flüssigkeitsstrukturen zu entwickeln, aus denen experimentell bestimmbare Eigenschaften widerspruchsfrei abgeleitet werden können. Dies ist bisher nur in einfachen Fällen gelungen.

Früher wurde von uns am Beispiel binärer, ladungsunsymmetrischer Mischungen aus Alkalimetall- und Erdalkalimetallhalogeniden (Chloride, Bromide, Iodide) durch systematische Untersuchung verschiedener thermodynamischer und Transporteigenschaften versucht, Zusammenhänge zwischen den Eigenschaften geschmolzener Salzmischungen und ihrer Struktur aufzudecken (Tab. 2).

Tabelle 2
Untersuchungen von EMONS u. Mitarb. an Salz—Salz-Systemen [9]

Thermodynamische Untersuchungen	Messung von Transporteigenschaften
Phasendiagramme fest/flüssig	elektrische Leitfähigkeit
Dichten und Volumina	Selbstdiffusion
Bildungszellen	EMK von Konzentrationszellen
Dampfdrücke	

Die vorliegende Arbeit soll einen Beitrag zur Klärung von Struktur-Eigenschafts-Beziehungen geschmolzener Salze mit Hilfe ausgewählter spektroskopischer Methoden liefern. Dabei werden die RAMAN-Spektroskopie zur Untersuchung kondensierter Phasen reiner Salze und von Mischungen und die Massenspektrometrie in Verbindung mit Dampfdruckmessungen zur Charakterisierung der Gasphase herangezogen:

— Die RAMAN-Spektroskopie erlaubt Aussagen zu molekular-physikalischen Eigenschaften der Stoffe. Diese besitzen oft einen quantitativen Zusammenhang zu Frequenz, Breite oder Intensität der Spektrallinien. Besonders über die Temperaturabhängigkeit dieser Parameter lassen sich Bewegungsvorgänge im kristallinen und geschmolzenen Salz und der Einfluß interionischer Wechselwirkungen darauf verfolgen. Phasenumwandlungen, die meist mit einer Änderung des Ordnungszustandes verbunden sind, führen zu einer sprunghaften Änderung der Spektrenparameter.

  Als Modellsubstanzen für die Untersuchung von Bewegungsvorgängen (Umorientierungen der Ionen) wurden Rhodanide und Nitrate der Alkalimetalle ausgewählt. Diese sind ionisch aufgebaut und haben von vornherein schwingungsfähige Teilchen (SCN^-- und NO_3^--Ionen).

— Interionische Wechselwirkungen in geschmolzenen Salzmischungen können experimentell an Hand der Abweichungen von der thermodynamischen Idealität nachgewiesen werden und sollten auch spektroskopisch beobachtbar sein.

  Die Komponenten der Mischungen von Halogeniden der Alkalimetalle (M = Na, K, Rb, Cs) und Erdalkalimetalle (M' = Ca, Sr, Ba) sind ionischer Natur. Die Bildung komplexer Ionen in den geschmolzenen Mischungen müßte zum Auftreten neuer

Spektrallinien führen, wie dies am Beispiel der Halogenide von Mg, Zn, Cd, Hg u. a. gezeigt wurde [10–12].

Es wurden Mischungen aus Calciumchlorid bzw. Calciumbromid mit verschiedenen Alkalimetallhalogeniden untersucht, da andere physikalisch-chemische Eigenschaften eine Bildung komplexer Spezies oder starke Wechselwirkungen in den Calciumhalogenid-Mischungen erwarten ließen.

— Die Gasphase über Mischungen aus Alkalimetall- und Erdalkalimetallhalogeniden sollte massenspektrometrisch besonders auf die Existenz gasförmiger Heterokomplexe bzw. Homöokomplexe der Alkalimetallhalogenide untersucht werden. In Verbindung mit Dampfdruckmessungen an den gleichen Systemen wird eine Korrelation verschiedener thermodynamischer Exzeßeigenschaften gegen Parameter, die den ionischen Aufbau der Schmelzen charakterisieren, vorgenommen. Dazu werden ebenfalls andere Eigenschaften dieser Mischungen, wie z. B. die elektrische Leitfähigkeit, Dichten, Viskositäten, Mischungsenthalpien u. a. herangezogen.

— Ausgehend von den eigenen Untersuchungsergebnissen und Literaturangaben werden mögliche Zusammenhänge zwischen dem Aufbau der Salzmischungen im festen, flüssigen (geschmolzenen) und gasförmigen Zustand diskutiert.

2. Spektroskopische Untersuchungen an Salzschmelzen

Von Hellmold wurden kürzlich verschiedene Methoden zur Charakterisierung von Hochtemperatur-Systemen beschrieben [13]. Wesentlich für die richtige Interpretation chemischer Hochtemperaturprozesse sind Strukturuntersuchungen an gasförmigen Spezies, Flüssigkeiten und Feststoffen, weshalb spektroskopischen Methoden eine besondere Aufmerksamkeit gewidmet wird.

Die Wechselwirkung elektromagnetischer Wellen mit der stofflichen Materie als Grundlage spektroskopischer Methoden wird in letzter Zeit in verstärktem Maße auch für geschmolzene Salze zur qualitativen und quantitativen Analyse, zur Strukturermittlung und zur Bestimmung von Wechselwirkungserscheinungen in den Schmelzen herangezogen. Die hohen Schmelztemperaturen der meisten Salze (> 1000 K) bedingen größere apparative Anforderungen an die Spektroskopie. Trotzdem werden etwa seit den 50er Jahren Anstrengungen unternommen, mit Hilfe verschiedener spektroskopischer Methoden umfassendere Beschreibungen für Schmelzstrukturen zu erhalten.

Aus der Vielzahl der möglichen Einteilungsprinzipien spektroskopischer Untersuchungsmethoden soll hier die nach Wellenlängen angeführt werden (Tab. 3).

Tabelle 3
Wellenlängenbereiche spektroskopischer Methoden

Methode	Wellenlänge λ/m
Röntgenspektroskopie	$6 \cdot 10^{-8} \cdots 10^{-15}$
UV-Spektroskopie	$4 \cdot 10^{-7} \cdots 3 \cdot 10^{-9}$
Spektroskopie im sichtbaren Gebiet	$7{,}8 \cdot 10^{-7} \cdots 4 \cdot 10^{-7}$
IR-Spektroskopie	$1{,}4 \cdot 10^{-3} \cdots 7{,}5 \cdot 10^{-7}$
Mikrowellenspektroskopie	$1 \cdots 10^{-4}$
Radiospektroskopie (NMR, EPR)	$10^{5} \cdots 1$

Alle genannten spektroskopischen Methoden wurden bisher mehr oder weniger erfolgreich für Strukturuntersuchungen geschmolzener Salze angewandt. Welche Aussagen die einzelnen Methoden ermöglichen, hängt jedoch sehr wesentlich von der Natur der Salzschmelze ab.

Volkov [14] charakterisierte an Hand verschiedener Modellsalze die Möglichkeiten der Elektronenabsorptionsspektren und Schwingungsspektren. Dabei stehen die Salze stellvertretend für vier ihrem Aufbau nach verschiedene Schmelzen:

I. NaCl — Zwei einatomige Ionen mit Edelgaskonfiguration.
II. KNO_3 — Einatomiges Kation mit Edelgaskonfiguration und mehratomiges Anion.
III. $CoCl_2$ — Kation mit *d*- oder *f*-Orbitalen und einwertiges Anion.
IV. $Ni(SCN)_6^{4-}$ — Kation mit *d*- oder *f*-Orbitalen und mehratomiges Anion.

Tabelle 4 zeigt die Informationen, die über Schmelzen in verschiedenen Spektralbereichen erhalten werden können.

Tabelle 4
Charakteristische Bereiche bei der Untersuchung von Salzschmelzen mit spektroskopischen Methoden

Standard-schmelze	Elektronenabsorptionsspektren			Schwingungsspektren	
	UV	sichtbar	nahes IR	IR	fernes IR
NaCl	Chargetransfer	—	—	—	—
KNO_3	Chargetransfer + intramol. Übergänge im NO_3^--Ion	—	—	Schwingungs-spektren des NO_3^--Ions	—
$CoCl_2$	Chargetransfer	*d*—*d*-Übergänge		—	Skelett-schwingungen Co—Cl
$Ni(SCN)_6^{4-}$	Chargetransfer + intramol. Übergänge im SCN^--Ion	*d*—*d*-Übergänge		Schwingungs-spektren des SCN^--Ions	Skelett-schwingungen Ni—SCN

Im folgenden werden aus der Literatur einige Möglichkeiten der Anwendung spektroskopischer Methoden zur Untersuchung von Schmelzen kurz skizziert, die nicht unmittelbar zum Gegenstand dieser Arbeit gehören, deren Ergebnisse jedoch gleichfalls eine Grundlage für Strukturdiskussionen bei Salzschmelzen bilden.

2.1. Beugungsuntersuchungen

Beugungsuntersuchungen (Neutronen- bzw. Röntgenbeugung) geben nützliche Informationen über die atomare Struktur der Ionenschmelzen. Für komplizierter zusammengesetzte flüssige Systeme, wie sie geschmolzene Salzmischungen darstellen, sind sie allerdings weniger geeignet [15]. Die radialen Verteilungsfunktionen der Elektronendichte um ein Atom liefern Hinweise auf die Aufenthaltswahrscheinlichkeit eines Atompaares in einem gegebenen Abstand. Mittlere Koordinationszahlen, die die Schmelzstruktur bereits wesentlich charakterisieren, erhält man durch Integration der radialen Paarverteilungsfunktionen.

Besondere Aufmerksamkeit gilt in der Literatur halogenidischen Schmelzen der I. und II. Gruppe des Periodensystems der Elemente, da diese zu den einfachsten Salzen gehören [16–18]. Daneben wurden vor allem von OHNO u. a. [18] geschmolzene Alkalimetallnitrate und -sulfate mit Hilfe der Röntgenbeugung untersucht.

Ein Vergleich der Atom- bzw. Ionenbestände in verschiedenen Aggregatzuständen zeigt am Beispiel ausgewählter Alkalimetallhalogenide eine deutliche Verkürzung dieser Abstände beim Übergang fest → flüssig → gasförmig [19].

Tabelle 5
Kürzeste Gegenionenbestände von Alkalimetallhalogeniden [19]

Ion und Ionenradius (nm)		Abstände in Verbindungen (nm)		
		kristallin	flüssig	gasförmig
Li^+	0,068			
Cl^-	0,180	0,266	0,247	
Br^-	0,200	0,285	0,268	
I^-	0,220	0,312	0,285	0,239
Cs^+	0,167			
Cl^-	0,180	0,357	0,353	0,291
Br^-	0,200	0,372	0,355	0,314
I^-	0,220	0,394	0,385	0,335

Durch Beugungsuntersuchungen sind Rückschlüsse auf typische Atom- bzw. Ionenanordnungen in Flüssigkeiten (Schmelzen) möglich. Dies gilt jedoch nur für die nächste Umgebung eines Bezugsatoms, dessen erste Koordinationssphäre. Die Genauigkeit bei der Bestimmung nimmt mit zunehmender Entfernung ab.

Bei den Alkalimetallhalogeniden verringert sich die Koordinationszahl in der ersten Sphäre von 6 im Kristall auf 4···5 in der Schmelze. Die beobachtete Nahordnung setzt keinen gitterartigen Aufbau der Teilchen voraus. Sie kann ebenso ein durch die hohe Flüssigkeitsdichte bedingter Packungseffekt sein. Die röntgenographischen Daten lassen deshalb auch keine eindeutige Entscheidung zugunsten einer der zahlreichen Flüssigkeitstheorien zu.

Häufig festgestellte Differenzen zwischen den experimentellen Werten der Position des ersten Peaks der radialen Verteilungsfunktion und den durch Computersimulation berechneten, die zwischen 0,01 und 0,03 nm liegen, werden auf eine Deformation der Elektronenhülle der Ionen im unsymmetrischen elektrischen Feld zurückgeführt [18].

2.2. Elektronenabsorptionsspektroskopie

Diese Methode erweist sich besonders bei der Untersuchung komplexer Spezies von Übergangsmetallionen in Schmelzen als zweckmäßig. Die Übergangsmetalle besitzen *d*-Orbitale, die nur teilweise gefüllt sind, so daß im Frequenzbereich 50000 bis 5000 cm^{-1}

$d-d$-Übergänge in Form schwacher Absorptionsbanden im nahen IR und im sichtbaren Bereich auftreten.

Außerdem können im UV-Gebiet Absorptionsbanden der Grundschmelzen — meist wurden die Halogenide, Nitrate oder Rhodanide der Alkalimetalle verwendet — beobachtet werden. Diese werden durch Elektronenübergänge innerhalb der Anionen oder auch zwischen Anion und Alkalimetallkation hervorgerufen.

In geschmolzenen Salzen wurden bisher vor allem solche Übergangsmetallionen untersucht, die zur 4. Periode des Periodensystems gehören und in der Schmelze Koordinationsverbindungen bilden, wie z. B. Cr^{2+}, Mn^{2+}, Fe^{2+}, Co^{2+}, Ni^{2+} [20—22].

Gibt es Wechselwirkungen zwischen dem umgebenden Ligandenfeld und dem Zentralion, so führt dies zu einem Effekt, der als Ligandenfeldaufspaltung bezeichnet wird. Es kommt zu einer Verschiebung der relativen Lage der Energieterme der freien Ionen und zu ihrer Aufspaltung in Komponenten. Es ist möglich, für verschiedene geometrische Strukturmodelle die Ligandenfeldaufspaltung zu bestimmen und über die Intensitäten der Absorptionsbanden im sichtbaren und nahen IR-Bereich eine Identifizierung der räumlichen Konfiguration der Komplexe in der Schmelze vorzunehmen.

Eine Zusammenstellung der bisher publizierten Ergebnisse zur Untersuchung komplexer Ionen in Salzschmelzen mit der Elektronenabsorptionsspektroskopie findet sich bei Volkov und Jacimirskij [23].

2.3. Schwingungsspektroskopie

Die Schwingungsspektroskopie an geschmolzenen Salzen verfolgt zwei Zielrichtungen. Es sollen Aussagen zur Struktur der Teilchen, die mit der Lichtstrahlung in Wechselwirkung treten, erhalten werden. Zum anderen ist es möglich, auch interionische Wechselwirkungen in der Schmelze zu beobachten [24].

Voraussetzung ist, daß kovalente Bindungen (z. B. in polyatomaren Ionen) bzw. kovalente Bindungsanteile (zwischen den Bestandteilen der Schmelze) vorhanden sind. In der Abhängigkeit von der Symmetrie der polyatomaren Teilchen und den Auswahlregeln können Schwingungsfrequenzen entweder ramanaktiv oder IR-aktiv sein. Für eine IR-Absorption ist eine Änderung des Dipolmoments bei der Schwingung Voraussetzung, während Raman-Linien nur zu beobachten sind, wenn sich die Polarisierbarkeit des Teilchens ändert. Damit ergänzen sich die IR- und Raman-Spektroskopie auf sinnvolle Weise.

Allerdings ist für die Untersuchung geschmolzener Salze die IR-Technik weit weniger verbreitet. Da es schwierig ist, geeignete Küvetten- bzw. Fenstermaterialien zu finden, wird bei der IR-Spektroskopie an Salzschmelzen meist eine Reflexionstechnik benutzt.

Mit der Anwendung des Lasers als Anregungsquelle begann eine stürmische Entwicklung der Raman-Spektroskopie, gerade auch für geschmolzene Salze. Eine erhöhte Intensität der Raman-Spektren brachte zugleich mehr und bessere Aussagemöglichkeiten.

Experimentell besteht das Hauptproblem bei der spektroskopischen Untersuchung geschmolzener Salze in der Abschirmung des Spektrometers von der Wärmestrahlung des Hochtemperaturofens. Dieser muß klein genug sein, damit er an das Gerät angepaßt bzw. eingebaut werden kann; er muß allerdings einen genügend großen Bereich konstanter Temperatur besitzen. Für Temperaturen > 650 K wird bei der Raman-Spektroskopie im allgemeinen eine Anordnung benutzt, bei der der Ofen mit der Probe außerhalb des Gerätes angebracht ist [24].

Die theoretische Untermauerung der schwingungsspektroskopischen Untersuchung geschmolzener Salze ist noch recht dürftig. Eine formale Übertragung theoretischer Aspekte von molekularen Flüssigkeiten auf ionische ist nicht immer möglich. So kann man sich z. B. vorstellen, daß mit Änderung des Druckes oder der Temperatur auch Änderungen in der Struktur der Ionenschmelzen einhergehen, die sich im Spektrum widerspiegeln müßten. Erste Versuche in diese Richtung wurden von Irish und Young [25] am Beispiel des Raman-Spektrums von $ZnCl_2$ unternommen. Gegenwärtig findet auch die Hochdruckschwingungsspektroskopie eine breite Anwendung zur Lösung von Strukturproblemen [26].

In den letzten Jahren wurde vor allem die Raman-Spektroskopie genutzt, um am Beispiel kristalliner Salze Phasenübergänge zu untersuchen. Neben Übergängen im festen Zustand ist besonders die spektroskopische Verfolgung des Phasenübergangs Kristall—Schmelze für die Klärung der Strukturänderungen beim Schmelzprozeß wichtig. Umfangreiche Arbeiten über solche Phasenübergänge bei einwertigen Nitraten wurden von Kirillov [27] publiziert.

Weitergehende Aussagemöglichkeiten erlaubt die Untersuchung binärer geschmolzener Mischungen. Die Einführung einer neuen Variablen, der Zusammensetzung, kann in der Schmelze zur Bildung neuer, komplexer Teilchen bzw. molekularer Ionen führen, wie dies bei zahlreichen Halogenidmischungen der Fall ist [11, 12].

3. Anwendung der Hochtemperatur-Massenspektrometrie bei thermodynamischen Untersuchungen

Die Massenspektrometrie gehört zu den universellen Methoden zur Untersuchung der Gasphase über kondensierten Systemen bei hohen Temperaturen.

Ihre ersten Anfänge gehen auf Ionov [28] zurück, der vor etwa 35 Jahren die Dämpfe von Alkalimetallhalogeniden bei einigen ausgewählten Temperaturen untersuchte. Zu einem breiteren Anwendungsbereich verhalfen der Hochtemperatur-Massenspektrometrie in Kombination mit einem Knudsen-Zellen-Einlaßsystem vor allem die Arbeiten von Chupka und Inghram [29] und Honig [30], die bei sehr hohen Temperaturen das Verdampfungsverhalten von Kohlenstoff studierten und dessen komplexe Dampfzusammensetzung nachwiesen. Diese Arbeiten lieferten zugleich einen entscheidenden Beitrag zur experimentellen Beherrschung der Methode. Seither wurden fast alle anorganischen Verbindungsklassen mit Hilfe der Massenspektrometrie untersucht. Die Ergebnisse sind in zahlreichen Originalarbeiten veröffentlicht. An dieser Stelle soll jedoch auf zwei zusammenfassende Publikationen von Semenov u. a. [31] und Gingerich [32] hingewiesen werden, die beide jeweils mehr als 550 Literaturzitate berücksichtigen. Die erste Monographie enthält außerdem einen größeren experimentellen Teil, besonders zu Problemen der Elektronenstoß-Ionisation.

Als Vorteile der Hochtemperatur-Massenspektrometrie bei Verdampfungsuntersuchungen werden allgemein angesehen

— eine mögliche simultane Untersuchung aller Dampfkomponenten über einen großen Partialdruckbereich,

- eine hohe Empfindlichkeit, die die Messung sehr kleiner Drücke erlaubt, wie dies bei fast keiner anderen Methode zur Dampfdruckmessung der Fall ist,
- die Möglichkeit, daß sich Verunreinigungen, die den Gesamtdruck beeinflussen können, „eliminieren" lassen.

Die Technik zur Identifizierung gasförmiger Moleküle bei Verdampfungsuntersuchungen und Dampfdruckmessungen besteht gewöhnlich aus der Kombination einer Quelle von Neutralteilchen, die identifiziert werden sollen, und einer Methode zur Identifizierung dieser Teilchen, meist durch Elektronenstoß-Ionisation und nachfolgender Massenanalyse der gebildeten Ionen.

Als Quelle für Neutralteilchen dienen die KNUDSEN-Zellen- oder die LANGMUIR-Verdampfung, die beide separat heizbar sind und kontinuierlich eine repräsentative Dampfprobe liefern.

Die LANGMUIR-Verdampfung von einer freien Oberfläche ermöglicht kinetische Messungen, während zur Untersuchung unter Gleichgewichtsbedingungen sogenannte KNUDSEN-Zellen verwendet werden. Mögliche Reaktionen zwischen der Probesubstanz und dem Zellenmaterial sollten ausgeschlossen werden, da diese Konsequenzen für die Dampfzusammensetzung und die Partialdampfdrücke ergeben. Sehr oft hilft man sich mit entsprechenden Einsätzen in den KNUDSEN-Zellen, z. B. aus Kieselglas.

In der Literatur wurden zahlreiche Typen von KNUDSEN-Zellen für die Hochtemperatur-Massenspektrometrie beschrieben, vor allem solche, die Untersuchungen bei verschiedenen Temperaturen erlauben, oder Doppel- bzw. Tripelzellen. Die Heizung der Zellen erfolgt stets von außen, entweder durch Strahlung oder durch Elektronenbeschuß. Mehrere Strahlungsschilde, die die Zelle umgeben, verhindern eine größere Wärmeabstrahlung und verringern gleichzeitig den Temperaturgradienten. Mit einer solchen Anordnung lassen sich in Abhängigkeit vom verwendeten Werkstoff Temperaturen zwischen 2500···3000 K erreichen.

Die Temperaturmessung erfolgt mittels geeichter Thermoelemente im unteren Temperaturbereich bzw. pyrometrisch.

Das Erreichen der Gleichgewichtseinstellung bzw. das Vorliegen eines Gleichgewichts zwischen kondensierter und Gasphase ist ausschlaggebend für die Effusionsuntersuchungen, sowohl bei der klassischen Dampfdruckbestimmung nach der KNUDSEN-Methode als auch gerade bei den massenspektrometrischen Messungen, da hier in der Regel die geometrischen Faktoren ungünstiger liegen.

Neben substanzspezifischen Besonderheiten, die eine schnelle Einstellung des Gleichgewichts behindern, wie kleine Verdampfungskoeffizienten bei relativ niedrigen Temperaturen, ist es vor allem die geometrische Gestaltung der KNUDSEN-Zelle, die das Erreichen des Gleichgewichtszustandes und damit auch die Möglichkeit der Bestimmung thermodynamischer Eigenschaften beeinflußt. Die die Zelle verlassenden Teilchen dürfen das Gleichgewicht im Innern der KNUDSEN-Zelle praktisch nicht stören. Dies wird erreicht, wenn die Effusionsöffnung so klein als möglich gehalten wird und die Fläche der Öffnung im Verhältnis zur Probenoberfläche ebenfalls sehr klein ist.

Die Massenspektrometrie anorganischer Verbindungen führte — wie am Beispiel der Chloride gezeigt werden kann — zum Auffinden zahlreicher gasförmiger Halogenidkomplexe. Neben Homöokomplexen, das sind durch Cl-Brücken verknüpfte dimere oder polymere Chloridmoleküle, wird dem Auftreten bzw. der Suche nach Heterokomplexen aus verschiedenen Chloridmolekülen immer größere Aufmerksamkeit geschenkt. Solche gasförmige Heterokomplexe sind bei chemischen Transportreaktionen, als Reaktionsvermittler bei Synthesen nutzbar und spielen ebenfalls bei einigen technischen Prozessen, z. B. bei Chlorierungen von Erzen sowie bei Hochdruckentladungslampen eine Rolle [33, 34].

Thermodynamische Angaben zur Stabilität, die im wesentlichen auf den Ergebnissen massenspektrometrischer Untersuchungen beruhen, und zur Struktur gasförmiger Homöo- und Heterokomplexe wurden u. a. von SCHÄFER publiziert [33, 35].

Die Proportionalität zwischen der Intensität des Ionenstroms I^+ und dem Partialdruck des entsprechenden Muttermoleküls p_i

$$p_i \sim I^+ \cdot T \tag{1}$$

erlaubt die Ableitung solcher thermodynamischer Größen, wie Aktivitäten in der flüssigen Phase, partiell molarer freier Enthalpien, Verdampfungs- oder Sublimationsenthalpien und -entropien sowie der entsprechenden Werte für ΔG_T, ΔH_T und ΔS_T für Gasphasengleichgewichte aus den Massenspektren.

Allerdings können Faktoren, die in die Proportionalitätskonstante von (1) eingehen, wie Ionisationsquerschnitte, Elektronenenergie bei der Ionisation, Sekundärelektronenausbeute und die Empfindlichkeit des Gerätes, und Fehler bei der Temperaturmessung zu Ungenauigkeiten von ± 8 kJ/mol für die Werte von ΔH_T und ± 8 J/K · mol für ΔS_T führen [36].

Die Verfahrensweise zur thermodynamischen Charakterisierung von Mischungen mit Hilfe massenspektrometrischer Untersuchungen wird von SVEDBERG [37] am Beispiel verschiedener Eisenlegierungen und an geschmolzenen Salzmischungen AgCl—(Li, Na, K, Rb, Cs)Cl beschrieben.

Von SIDOROV [38, 39] stammen wesentliche Beiträge zur Anwendung der Hochtemperatur-Massenspektrometrie bei der Ermittlung von p-x-Diagrammen geschmolzener Fluoridmischungen. Ausgehend von einer Mischung bekannter Zusammensetzung, die unter isothermen Bedingungen vollständig verdampft wird, werden die Ionenstromintensitäten der einzelnen Ionen in Abhängigkeit von der Zeit verfolgt. Voraussetzung für die Anwendbarkeit dieser Methode der isothermen Verdampfung ist die eindeutige Zuordnung der im Massenspektrum beobachteten Ionen zu entsprechenden Muttermolekülen.

Eine grundsätzliche Bedingung für die thermodynamische Auswertung massenspektrometrischer Untersuchungen ist das Vorhandensein eines annähernden thermodynamischen Gleichgewichtes innerhalb der KNUDSEN-Zelle. Liegt die Grenze des unteren Druckbereiches für die Massenspektrometrie bei etwa 10^{-7} Pa, so ist die obere Druckgrenze von der Einstellung des Gleichgewichtes bzw. dessen Störung abhängig.

4. Experimenteller Teil

4.1. Ramanspektroskopische Untersuchungen

Die ramanspektroskopischen Untersuchungen an geschmolzenen Salzen und ihren Mischungen wurden am Institut für Allgemeine und Anorganische Chemie der Ukrainischen Akademie der Wissenschaften in Kiew und am Chemischen Institut der Universität Oslo durchgeführt. In beiden Fällen standen kommerzielle Geräte zur Verfügung, die für Hochtemperaturuntersuchungen modifiziert wurden.

Das sowjetische Gerät DFS-12 war mit einer Quecksilberdampflampe DRS-600 A zur Anregung ausgerüstet [27]. Als Erregerlinien wurden die Wellenlängen Hg-*k* (546,1 nm) bzw. Hg-*e* (435,8 nm) benutzt. Die Konstruktion des Hochtemperaturteils und vor allem dessen Lage in unmittelbarer Nähe des Spektrometers erlaubte nur Untersuchungen bis etwa 870 K.

In Abb. 1 sind die Heizeinrichtung und die Küvette zur Aufnahme der geschmolzenen Proben dargestellt.

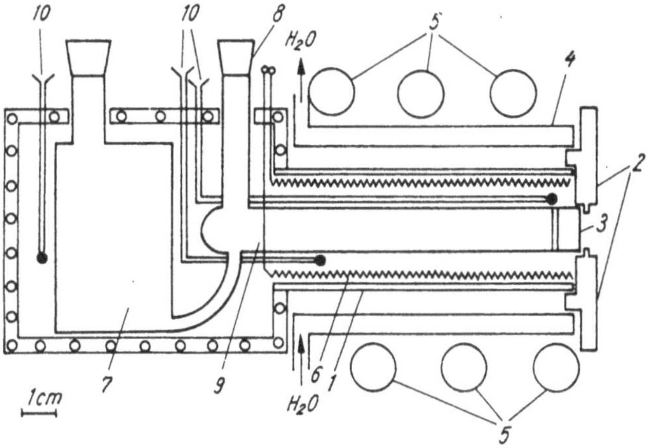

Abb. 1: Küvette und Heizeinrichtung für Raman-Untersuchungen geschmolzener Salze (Erklärung im Text).

Der Teil des Ofens, der für die Erregerstrahlung durchlässig sein muß, bestand aus einem Rohr aus optischem Kieselglas (*1*) mit einem Durchmesser von 35 mm. Dieses Rohr wurde am Ausgang der Streustrahlung mit einem Serpentinit-Deckel (*2*) verschlossen, in den das vordere Ende der Küvette (*3*) eingepaßt war. Das Kieselglasrohr war von einem Kühlmantel (*4*) umgeben, der die spiralförmige Hg-Lampe (*5*) vor Überhitzung schützte. Im Innern des Rohres waren Heizspiralen (*6*) befestigt, deren Wicklung so ausgeführt war, daß der Temperaturgradient in der Küvette minimal war. Die Temperaturstabilität über die gesamte Länge der Küvette betrug 1···2 K.

Die Küvetten für geschmolzene Proben waren wahlweise aus Pyrex-Glas oder optischem Kieselglas gefertigt. Sie bestanden aus einem Vorratsbehälter (*7*), einem Ansatzrohr (*8*), das vor allem zur Entfernung von Gasbläschen aus der Schmelze diente, und dem optischen Teil (*9*) mit einem Durchmesser von 13 mm, der sich im Heizrohr befand. Das vordere Küvettenfenster (*3*) war aus planparallelem optischem Glas hergestellt. Zur Temperaturmessung dienten mehrere Pt—Rh/Pt-Thermoelemente. Eine ausführliche Beschreibung des Gerätes und der Registrierbedingungen der Spektren befindet sich bei Kirillov [27].

In der Universität Oslo stand ein Raman-Spektrometer vom Typ Cary 81 mit einem Argon-Laser CRL 52 G als Anregungsquelle zur Verfügung. Die wesentlich höhere Intensität der Laserstrahlung gegenüber der einer Hg-Lampe erlaubte den Bau einer stärkeren Heizeinrichtung außerhalb des Spektrometers und eine wirksamere Abschirmung des Gerätes von der Hitzestrahlung. Die Untersuchungen geschmolzener Halogenidmischungen wurden bis zu Temperaturen von 1098 K durchgeführt. Da

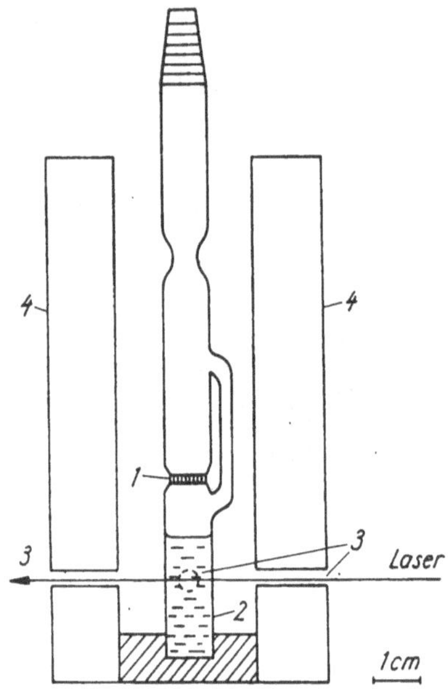

Abb. 2: Küvette zur Untersuchung halogenidischer Schmelzen.
1 — Keramikfritte, 2 — optischer Teil, 3 — Öffnungen für Ein- und Austritt des Laserstrahls, 4 — Ofen

hierbei mit geschlossenen Küvetten gearbeitet wurde, ergab sich die obere Temperaturgrenze letztlich aus dem Dampfdruck der zu untersuchenden Substanz.

Nach dem Einfüllen der Proben wurden die Küvetten aus Kieselglas (Abb. 2) evakuiert und abgeschmolzen.

In einem separaten Ofen konnte die Substanz aufgeschmolzen und durch eine eingebaute Keramikfritte filtriert werden. Damit ließen sich Verunreinigungen aus der Schmelze entfernen. Bei Bedarf konnte der Filtriervorgang mehrmals wiederholt werden. Der untere, optische Teil der Küvette war quadratisch ausgebildet. Dadurch war eine relativ einfache Möglichkeit der Justierung gegeben. Kleine Öffnungen im Ofen gewährleisten den Ein- und Austritt des Laserstrahls, der durch ein Spiegelsystem noch verstärkt werden konnte, sowie den Austritt der Streustrahlung.

Die Wellenlängen 514,5 nm und 488,0 nm des Argon-Lasers wurden wahlweise zur Anregung benutzt.

4.2. Massenspektrometrische Untersuchungen

Experimentelle Einzelheiten der Hochtemperatur-Massenspektrometrie sollen nur, soweit es für die vorliegende Arbeit erforderlich ist, angegeben werden. Eine detaillierte Beschreibung der verwendeten Gerätekombination Massenspektrometer/KNUDSEN-Zelle ist bei KIESSLING [42] enthalten.

Neben den Standard-KNUDSEN-Zellen (Innenmaße: h = 15 mm; d = 8 mm), die aus Tantal, Molybdän, Nickel oder Wolfram gefertigt wurden, nutzten wir ebenfalls eine Zelle (h = 20 mm), bei der mit größeren Substanzvorräten gearbeitet werden konnte.

5. Diskussion der Ergebnisse

5.1. Spektroskopische Untersuchungen der Molekülbewegung in ionischen Flüssigkeiten

In den letzten Jahren wuchs das Interesse an Untersuchungen zur Molekülbewegung (Teilchenbewegung) in Systemen, die geladene Teilchen enthalten und durch starke interionische Wechselwirkungen charakterisiert werden, beträchtlich. Dabei stehen solche Arbeiten im Vordergrund, die sich mit wäßrigen Lösungen anorganischer Salze befassen [41]. Nur wenige Versuche wurden bisher unternommen, die Bewegungsvorgänge in geschmolzenen Salzen mit Hilfe ramanspektroskopischer Untersuchungen zu verfolgen [27, 42]. Als theoretische Grundlage dafür dienten die Arbeiten VALIEVS [43], in denen gezeigt wird, daß die BROWNsche Drehbewegung der Moleküle oder molekularer Ionen eine Spektrallinie mit LORENTZ-Profil zur Folge hat.

Die Spezifik der interionischen Wechselwirkungen, die Aufrechterhaltung einer bestimmten Fernordnung der Teilchen in der Schmelze und die Anziehungskräfte zwischen Kationen und Anionen komplizieren die Bewegungsvorgänge und führen dazu, daß eine freie Drehbarkeit z. B. der Nitrationen in der Schmelze unmöglich wird [44].

Auf der Grundlage umfangreicher Arbeiten über den Zusammenhang zwischen interionischen Wechselwirkungen und den RAMAN- bzw. IR-Spektren von Salzschmelzen, die am Kiewer Institut für Allgemeine und Anorganische Chemie der Ukrainischen Akademie der Wissenschaften durchgeführt wurden, wird der Versuch unternommen, die Bewegungsvorgänge in geschmolzenen Salzen mit Hilfe spektroskopischer Daten abzuschätzen.

Es wurde eine Analyse der Konturen der Linien in den Schwingungsspektren — speziell in RAMAN-Spektren — vorgenommen. Dabei kann man davon ausgehen, daß sich die Linienbreite (Halbwertsbreite) zusammensetzt

$$\Delta\nu = \Delta\nu_0 + \Delta\nu_{BR} \tag{2}$$

aus dem Anteil, der sich aus der BROWNschen Umorientierung der Teilchen ergibt ($\Delta\nu_{BR}$), und der sogenannten „Restbreite" $\Delta\nu_0$, in die alle anderen Effekte summarisch eingehen.

Die Temperaturabhängigkeit der Linienbreite ist im wesentlichen auf den BROWNschen Anteil $\Delta\nu_{BR}$ zurückzuführen

$$\Delta\nu_{BR} = (\pi c \tau_{BR})^{-1} \tag{3}$$

$$\tau_{BR} = \tau_0 \cdot \exp(U_\tau/RT) \tag{4}$$

$$\Delta\nu = \Delta\nu_0 + (\pi c \tau_0)^{-1} \exp(-U_\tau/RT), \tag{5}$$

da allgemein angenommen wird, daß $\Delta\nu_0$ nicht von der Temperatur abhängt. Dies ist jedoch nur bedingt richtig [43].

Die Zeit der BROWNschen Umorientierung des betrachteten Teilchens τ_{BR} ist je nach Untersuchungsmethode verschieden und soll im folgenden für IR-Spektren mit τ_1 und für RAMAN-Spektren mit τ_2 bezeichnet werden.

In den Beziehungen (3)—(5) bedeuten:

c — Lichtgeschwindigkeit, τ_0 — halbe Librationsperiode, U_τ — Aktivierungsenergie der Umorientierung, R — allgemeine Gaskonstante.

Als Modellsubstanzen wurden NaSCN und verschiedene einwertige Nitrate verwendet. In beiden Fällen liegen mit dem SCN^--Ion bzw. den NO_3^--Ionen schwingungsfähige Spezies vor, die ein charakteristisches RAMAN-Spektrum geben.

Das lineare SCN^--Ion gehört zur Punktgruppe $C_{\infty v}$ und besitzt drei ramanaktive Schwingungen:

ν_1 C—N-Valenzschwingung,
ν_3 C—S-Valenzschwingung,
ν_2 Deformationsschwingung.

Eine Umorientierung ist damit nur um die Achse senkrecht zum linearen Ion möglich. Nach VALIEV [43] müßte demnach die Temperaturabhängigkeit der Halbwertsbreiten aller drei Linien einen gleichen Verlauf zeigen.

Das RAMAN-Spektrum des kristallinen NaSCN (310 K) wird durch folgende Linien charakterisiert [45]:

119 cm^{-1}, 136 cm^{-1}	Gitterschwingungen
492 cm^{-1}, 500,5 cm^{-1}	ν_2
756 cm^{-1}	ν_3
2069 cm^{-1}, 2077,5 cm^{-1}	ν_1

Es gelang, die Temperaturabhängigkeit von ν_3 bis 470 K und von ν_1 bis 525 K zu verfolgen. Die Intensitäten von ν_2 und bei höheren Temperaturen auch von ν_1 und ν_3 waren für eine Auswertung zu gering.

Die Temperaturabhängigkeit der Wellenzahlen und Halbwertsbreiten von ν_1 und von ν_3 sind in Abb. 3 dargestellt. Die Halbwertsbreiten zeigen — wie erwartet — in Abhängigkeit von der Temperatur einen parallelen Verlauf.

Der Charakter der Umorientierung des Rhodanidions im Kristall und die Umorientierungsparameter wurden in [46] angegeben und diskutiert. Eine Registrierung des RAMAN-Spektrums des geschmolzenen NaSCN war nicht möglich.

Zur Bestimmung der Umorientierungsparameter der Nitrate wurde die Temperatur-

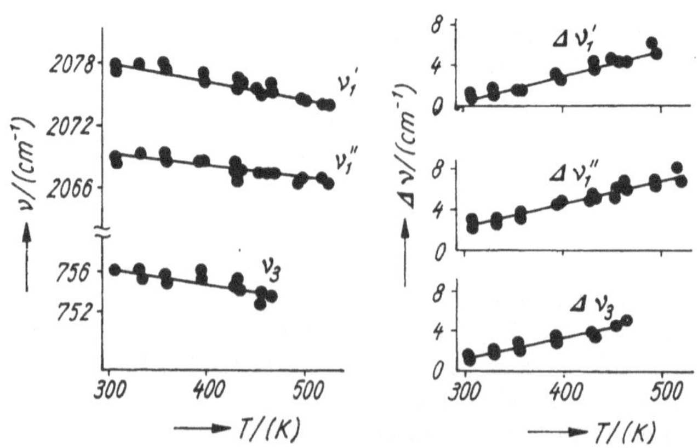

Abb. 3: Temperaturabhängigkeit der Wellenzahlen und Halbwertsbreiten der RAMAN-Linien ν_1 und ν_3 des kristallinen NaSCN.

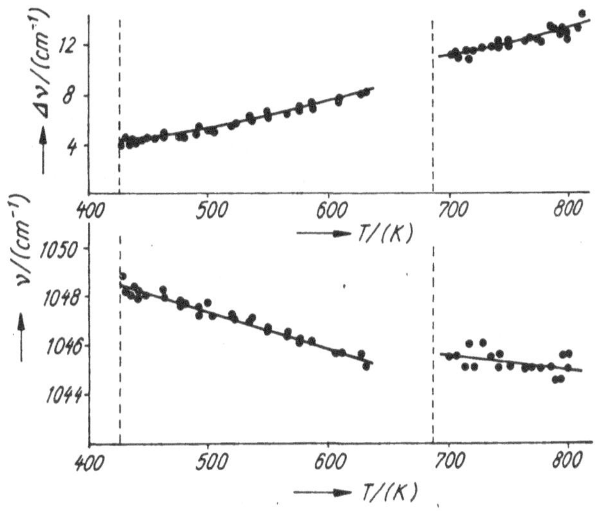

Abb. 4: Temperaturabhängigkeit der Wellenzahl und Halbwertsbreite der RAMAN-Linie ν_1 des kristallinen und geschmolzenen $CsNO_3$.

abhängigkeit der Halbwertsbreite der RAMAN-Linie ν_1 benutzt (Abb. 4). Obwohl dies eine polarisierte Linie ist, lassen sich daraus die Umorientierungsparameter ermitteln, da das Nitration zur nichtkubischen Punktgruppe D_{3h} zählt [47]. Entsprechend den „Auswahlregeln" für die Umorientierung [48] hängt die Verbreiterung der Linie ν_1 mit der Drehung des Nitrations um seine C_2-Achse zusammen.

Tabelle 6

Umorientierungsparameter des Nitrations in kristallinen und geschmolzenen Alkalimetallnitraten

kristallin

Salz	Temperaturbereich (K)	Δ_0 (cm^{-1})	τ_0 (ps)	ν_0 (cm^{-1})	U_τ (kJ · mol^{-1})	τ_2 (473 K) (ps)
$LiNO_3$	307···504	1,6	0,22 ± 0,03	75	9,6 ± 0,4	2,53
$NaNO_3$	310···562	1,0	0,085 ± 0,03	196	15,5 ± 1,2	4,38
KNO_3	466···573	2,1	0,06 ± 0,01	288	17,2 ± 1,2	4,76
$CsNO_3$	327···630	2,4	0,19 ± 0,04	88	12,1 ± 0,8	4,12

geschmolzen

Salz	Temperaturbereich (K)	$\Delta\nu_0$ (cm^{-1})	τ_0 (ps)	ν_0 (cm^{-1})	U_τ (kJ · mol^{-1})	τ_2 (623 K) (ps)
$LiNO_3$	532···685	23,5	0,10 ± 0,07	155	19,7 ± 5,9	4,48
$NaNO_3$	614···789	12,1	0,29 ± 0,10	58	11,3 ± 2,5	2,57
KNO_3	626···771	8,9	0,07 ± 0,04	236	21,4 ± 3,8	4,36
$RbNO_3$	619···738	8,0	0,07 ± 0,02	228	21,4 ± 1,7	4,36
$CsNO_3$	701···823	7,4	0,08 ± 0,04	217	21,4 ± 3,8	2,81*

*) Für das geschmolzene $CsNO_3$ beträgt die Temperatur 723 K.

Die Parameter der Ionenbewegung in kristallinen und geschmolzenen Alkalimetallnitraten sind in Tab. 6 aufgeführt. Gegenüber früher veröffentlichten Werten [49] wurden diese präzisiert bzw. für das Caesiumnitrat erstmals bestimmt.

Die Umorientierung des Nitrations im kristallinen und geschmolzenen Zustand um seine C_2-Achse benötigt Zeiten in der Größenordnung von 2···5 ps. Damit sind die Abweichungen von der Umorientierung bei freier, ungehinderter Rotation τ_{FR} beträchtlich.

$$\tau_{FR} = \frac{41}{360} 2\pi \sqrt{\frac{I}{k \cdot T}}, \tag{6}$$

Bei $T = 623$ K, $I = 59{,}3 \cdot 10^{-47}$ kg · m², $k = 1{,}3805 \cdot 10^{-23}$ J · K^{-1} ergibt sich τ_{FR} zu 0,19 ps.

Nach BARTOLI und LITOVITZ [50] läßt sich aus den Zeitparametern der Mechanismus der Umorientierung abschätzen. An einer Vielzahl von Beispielen wurde gezeigt, daß bei Verhältnissen $\tau_2/\tau_{FR} > 15$ die Umorientierung den Charakter einer sprunghaften Drehung um große Winkel trägt. Ein solcher Mechanismus dürfte ebenfalls bei den geschmolzenen Alkalimetallnitraten vorliegen (Tab. 7).

Tabelle 7
Parameter zur Abschätzung des Umorientierungsmechanismus des Nitrations in den Alkalimetallnitraten

Salz	τ_{FR} ps	τ_2/τ_{FR}
$LiNO_3$	0,19	24
$NaNO_3$	0,19	14
KNO_3	0,19	23
$RbNO_3$	0,19	23
$CsNO_3$	0,17	17

Wie erwähnt, gilt Gl. (5) nur näherungsweise. KIRILLOV u. a. [51–53] untersuchten den Einfluß verschiedener Wechselwirkungen in Flüssigkeiten auf die Linienbreite in den Schwingungsspektren.

Dabei wurde gezeigt, daß auch

- Resonanzübergänge von Schwingungsquanten,
- Abstoßungskräfte,
- Dipol–Dipol-Wechselwirkungen,
- Dipol–Quadrupol-Wechselwirkungen und
- Ion–Dipol-Wechselwirkungen

Beiträge zur Linienbreite geben können. Diese Anteile sind für Dipol–Dipol-Wechselwirkungen in Flüssigkeiten mit $\sim 0{,}1$ cm^{-1} [50] und für die Abstoßungskräfte mit $\sim 10\%$ von $\Delta\nu_0$ relativ gering. In ionischen Flüssigkeiten und Schmelzen müssen allerdings Ion–Dipol-Wechselwirkungen berücksichtigt werden, die um eine Größenordnung stärker als die Dipol–Dipol-Wechselwirkungen sind.

Am Beispiel des IR-Spektrums des geschmolzenen $NaNO_3$ wird verdeutlicht, daß die

Tabelle 8
Umorientierungsparameter des Nitrations in geschmolzenen Alkalimetallnitraten (berechnet aus IR-Spektren)

Salz	Temperatur (K)	$\Delta\nu_0$ (cm^{-1})	$na_{Abst.} + a_{I-D}$	U_τ ($kJ \cdot mol^{-1}$)	τ_1 (ps)	τ_{FR} (ps)
$LiNO_3$	623	20,35	0,18	6,7	0,32	0,31
$NaNO_3$	623	9,49	0,31	12,1	0,50	0,31
KNO_3	623	6,85	0,33	14,6	0,77	0,31
$RbNO_3$	623	6,58	0,35	13,8	0,87	0,31
$CsNO_3$	723	8,95	0,29	33,0	1,49	0,29

nach Gl. (5) aus intensiven IR-Linien berechneten Umorientierungszeiten mit großen Fehlern behaftet sind. Schwache oder IR-inaktive Linien geben dagegen genauere Informationen über die Drehbewegung der Teilchen.

Tabelle 8 enthält die Ergebnisse der Auswertung der IR-Spektren unter Berücksichtigung der Abstoßungskräfte und der Ion—Dipol-Wechselwirkungen.

$$\Delta\nu^{IR} = \Delta\nu_0 + (\pi c \tau_1)^{-1} (1 + na_{Abst} + a_{I-D}), \quad n = \tau_1/\tau_2. \tag{7}$$

Auf diese Weise lassen sich die Umorientierungszeiten des Nitrations in Schmelzen korrekter bestimmen. Während $\Delta\nu_0$ und U_τ in der gleichen Größenordnung liegen wie die entsprechenden Werte in Tab. 6, sind die Umorientierungszeiten um den Faktor 3···5 niedriger.

Einen wesentlichen Einfluß auf die Schwingungsspektren der Alkalimetallnitrate hat die kationische Umgebung in der Schmelze. Aus Röntgenbeugungsuntersuchungen leiten Ohno und Furukawa [18] die mittleren minimalen Kation-Nitration-Abstände sowie ein Modell ab, das vier typische Orientierungen des Alkalimetallkations in bezug auf das Nitration widerspiegelt.

Die polarisierende Wirkung des Kations beeinflußt die Schwingungsfrequenzen des Nitrations. Unter Berücksichtigung der radialen Verteilungsfunktion wird eine Proportionalität zwischen der Frequenz ν und r^{-4} (r — minimaler Abstand der Teilchen in der Schmelze) konstatiert [54].

5.2. Komplexbildung in Salzschmelzen

Trotz der Vielzahl der in den vergangenen 25 Jahren erschienenen Übersichtsartikel und Originalarbeiten zu geschmolzenen Salzen spielen darin Fragen der Komplexbildung in geschmolzenen Salzsystemen nur eine untergeordnete Rolle [55]. Für eine eindeutige Charakterisierung solcher Systeme müssen in erster Linie bestimmt werden

- der Typ der in der Schmelze vorhandenen Strukturelemente, z. B. einfache oder komplexe Ionen,
- die Natur der Wechselwirkungen und Kräfte, die innerhalb dieser Strukturelemente bzw. zwischen ihnen auftreten,
- die Natur der „Löcher" oder Leerstellen in der Schmelze,

— die Verteilungsfunktionen der relativen Lage der Strukturelemente und der Leerstellen.

Bei der Analyse der Literatur ist zweifellos eine Entwicklung der Theorie der Komplexbildung in Salzschmelzen zu erkennen. So schreiben DELIMARSKIJ und MARKOV [56] 1960, daß es in der Mehrzahl der Fälle keine zuverlässigen Hinweise über eine Komplexbildung in geschmolzenen Elektrolyten gibt. Die thermische Analyse erlaubt nur Aussagen über die Zusammensetzung der festen Phase, die sich mit der flüssigen im Gleichgewicht befindet. Sie gibt keine Hinweise darauf, welche Komplexe bei einer bestimmten Temperatur in der Schmelze vorliegen bzw. ob diese überhaupt existieren. Zu Schlußfolgerungen über die Struktur der Salzschmelzen müssen andere Untersuchungsmethoden herangezogen werden: die Bestimmung der elektrischen Leitfähigkeit, der Viskosität, der Diffusionskoeffizienten, die Messung der EMK von Konzentrations- und Bildungsketten, die Ermittlung von Überführungszahlen. Jede der aufgeführten Methoden mit ihren spezifischen Ergebnissen erlaubt jedoch nur eine indirekte Aussage zur Komplexbildung in geschmolzenen Salzen. Wertvollere und vor allem direktere Informationen geben spektroskopische Methoden (darunter RAMAN- und IR-Spektroskopie) und Röntgenstrukturuntersuchungen.

Zu Beginn der siebziger Jahre wird die Existenz komplexer Ionen in geschmolzenen Salzmischungen allgemein anerkannt, jedoch gleichzeitig auf die wesentlichen Unterschiede zur Komplexbildung in wäßrigen und nicht-wäßrigen Lösungsmitteln hingewiesen [57].

Salzschmelzen kann man als hochkonzentrierte Elektrolyte auffassen; die Wechselwirkungen in solchen Schmelzen beruhen vorwiegend auf weitreichenden COULOMB-Kräften. Auf Grund der unmittelbaren Aufeinanderfolge von kationischen und anionischen Sphären unterscheiden sich Komplexe in Schmelzen sehr stark von solchen in wäßrigen Lösungen. In vielen Fällen verlieren in Salzschmelzen Begriffe wie „Lösungsmittel" oder „Ligand" ihre Bedeutung.

Die Problematik der Definition der Komplexverbindungen in geschmolzenen Salzen wird gegenwärtig ausgiebig diskutiert, wobei nach Meinung verschiedener Autoren [58, 59] der Begriff „Komplex" in Schmelzen nicht so exakt definiert werden kann, wie dies für komplexe Ionen in wäßrigen Lösungen möglich ist. Während in solchen Lösungen die komplexen Ionen durch Lösungsmittelschichten voneinander getrennt sind, haben sie in geschmolzenen Salzen unmittelbaren Kontakt miteinander.

Aus all dem ergibt sich eine Vielfalt von Definitionen für komplexe Teilchen in geschmolzenen Salzen, die nicht immer vollständig und begründet erscheinen und unterschiedliche Wesensmerkmale des komplexen Verhaltens charakterisieren. PETRUCCI [57] bezeichnet sie als „*Aggregate, die durch kovalente Kräfte zusammengehalten werden.*" FØRLAND [60] spricht von „*einer Gruppe von Ionen, bei denen ein Ionentyp feste Bindungen mit einer bestimmten Zahl von Ionen entgegengesetzter Ladungen ausbildet.*" Als „*Struktureinheiten, die aus einigen individuellen Teilchen bestehen und die bei Diffusionsprozessen gleichartige Translationsbewegungen vollführen*" definieren BLOOM und BOCKRIS [58] komplexe Ionen in Salzschmelzen. Nach FLENGAS und INGRAHAM [61] sind es „*Gruppen von Atomen, für die die Anziehungskräfte stärker als die Abstoßungskräfte sind und in denen die unmittelbaren Nachbarn eines beliebigen Atoms in einer bestimmten Ordnung angeordnet sind.*" Schließlich spricht GRUEN [62] von „*kinetischen Teilchen mit einer größeren Lebensdauer als die Zeiten für Molekülschwingungen.*"

Von VOLKOV u. a. [55] wurden die spezifischen Merkmale von diskreten Komplexen in geschmolzenen Salzen wie folgt zusammengefaßt:

- Eine klar fixierte geometrische Struktur,
- die Nichtübereinstimmung von Oxydationszahl und Koordinationszahl des komplexbildenden Metallatoms,
- eine merkliche Wechselwirkung zwischen den Elektronenhüllen der Ionen, bis hin zur Ausbildung teilweise kovalenter Bindungen und
- eine Lebensdauer, die größer als die Kontaktzeiten der „freien" Ionen ist.

Für die Diskussion der Ergebnisse in der vorliegenden Arbeit erweist sich diese Zusammenfassung in Verbindung mit den Aussagen von FØRLAND und GRUEN am geeignetsten, da hierbei der Zusammenhang zu den spektroskopischen Untersuchungsmethoden hergestellt wird.

5.2.1. Raman-Spektren geschmolzener Halogenidmischungen

Prinzipiell ist es möglich, aus den Daten ramanspektroskopischer Untersuchungen die Struktur der schwingungsfähigen Teilchen zu ermitteln. Voraussetzung dafür ist allerdings, daß alle Linien, die für die entsprechende molekulare Struktur möglich sind, im Spektrum auftreten und auflösbar sind und daß die Messungen mit natürlichem und polarisiertem Licht ausgeführt werden können.

Bei geschmolzenen Salzen und speziell bei den Halogenidmischungen mit einem beträchtlichen ionischen Bindungsanteil sind diese Bedingungen meist nicht gegeben. Die RAMAN-Banden sind wesentlich breiter und diffuser als in Feststoffen, so daß eine vollständige Charakterisierung durch das RAMAN-Spektrum kaum möglich ist. Zur Interpretation der Spektren von Schmelzen müssen deshalb auch charakteristische Frequenzen, die in anderen Systemen bestimmt wurden, herangezogen werden.

Ein zweiter Gesichtspunkt, der bei der Auswertung zu berücksichtigen ist, ist die Komplexbildung in geschmolzenen Salzen. Die Austauschzeiten in reinen Ionenschmelzen, d. h. die Zeit, in der ein Anion und ein Kation miteinander in Kontakt sind, liegen in der Größenordnung von 10^{-11} s [63]. In der Schwingungsspektroskopie beträgt andererseits die Zeit für eine Schwingung $1/\nu \cdot c_0$ (c_0 — Lichtgeschwindigkeit) und liegt damit im Bereich $10^{-11} \ldots 10^{-13}$ s.

Die Grenzen der RAMAN-Spektroskopie ergeben sich damit aus dem Zusammenhang zwischen

- der Schwingungszeit,
- der Zeit für eine normale Austauschreaktion und
- der Lebensdauer des komplexen Teilchens.

Nach der HEISENBERGschen Unschärferelation hängt die Lebensdauer τ eines Komplexes mit der Bandenverbreiterung

$$\tau = \frac{1}{2\pi c(\Delta\nu - \Delta\nu_0)} \tag{8}$$

zusammen, wobei der Ausdruck $(\Delta\nu - \Delta\nu_0)$ für die Verbreiterung einer RAMAN-Bande, bezogen auf einen Standardzustand (z. B. den kristallinen Zustand), steht. Da die Breite einer Spektrallinie jedoch auch von anderen Einflüssen verändert wird (Phasenänderung, Gegenkation usw.), ist es bisher nicht möglich, Absolutwerte für die Lebensdauer anzugeben.

Von ATAPOUR [64] wurden ramanspektroskopische Untersuchungen zur Lebensdauer tetraedrischer Spezies durchgeführt. Daraus ergibt sich, daß in der Reihe

$$AlBr_4^- < InBr_4^- < MgBr_4^{2-} < CaBr_4^{2-}$$

die komplexen Spezies in der Schmelze schneller zerfallen, ihre Lebensdauer also geringer wird. Einschränkend muß bemerkt werden, daß es dem Autor nicht gelang, von der Schmelze $KBr-CaBr_2$ ein RAMAN-Spektrum aufzunehmen.

Für ramanspektroskopische Untersuchungen geschmolzener Halogenidmischungen wurden zuerst solche Salze ausgewählt, die bereits in der Schmelze des reinen Salzes einen gewissen kovalenten Bindungsanteil besitzen oder polymere Einheiten (Ketten oder Netzstrukturen) bilden, wie z. B. $CdCl_2$, $ZnCl_2$, $HgCl_2$, $PbCl_2$.

Die Halogenide der Alkalimetalle zeigen in ihren RAMAN-Spektren keine Hinweise auf kovalente Bindungsanteile. Von RAPTIS und MITCHELL [65, 66] wurden die Schmelzen von NaCl, KCl und CsCl im Temperaturbereich 943···1118 K untersucht. Die Angabe von schwachen, breiten Banden bei 215 cm^{-1}, 165 cm^{-1} bzw. 105 cm^{-1} im Gebiet der quasielastischen Streuung scheint sehr willkürlich.

In Mischungen zweiwertiger Halogenide mit Alkalimetallhalogeniden bilden sich komplexe Anionen, die im RAMAN-Spektrum neue Linien hervorrufen oder zu einer Verschiebung der Linien im Spektrum der reinen Salze führen. In der Abhängigkeit von der Zusammensetzung der geschmolzenen Mischung werden in der Literatur die Bildung von Ionen des Typs $M'X_4^{2-}$ bzw. $M'X_3^-$ diskutiert, für die in Tab. 9 die RAMAN-Schwingungen und deren Polarisationszustand aufgeführt sind. Die ramanaktiven Schwingungen eines tetraedrischen $M'X_4$-Teilchens zeigt Abb. 5.

In der Mehrzahl der Fälle konnten die RAMAN-Spektren geschmolzener Mischungen

Tabelle 9

RAMAN-Frequenzen und Polarisationszustände für ausgewählte komplexe Ionen

Typ des komplexen Anions	Punktgruppe	Polarisationszustand	RAMAN-Frequenzen			
$M'X_4^{2-}$	T_d	p	ν_1			
tetraedrisch		dp		ν_2	ν_3	ν_4
$M'X_3^-$		p	ν_1			
planar	D_{3h}	dp			ν_3	ν_4
$M'X_3^-$		p	ν_1	ν_2		
pyramidal	C_{3v}	dp			ν_3	ν_4

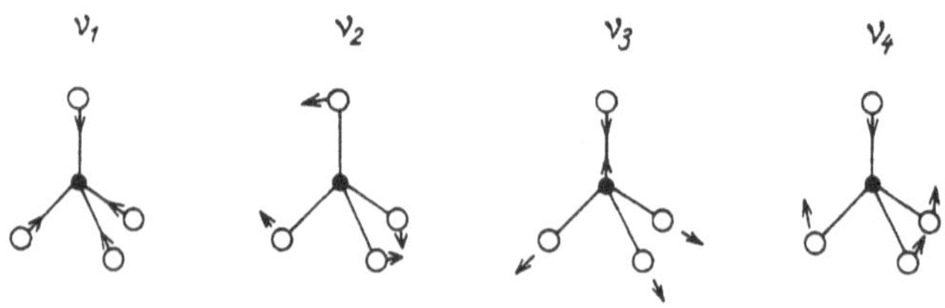

Abb. 5: Schwingungsformen der tetraedrischen $M'X_4$-Teilchen.

nicht in ihrer ganzen Vollständigkeit registriert werden. Damit wird eine genaue Bestimmung der Struktur der gebildeten Komplexe erschwert. In der Literatur existieren zum Teil widersprüchliche und unvollständige Angaben. Die in Tab. 10 und 11 aufgeführten Beispiele für RAMAN-Untersuchungen von Mischungen belegen, daß in letzter Zeit der Struktur des tetraedrischen Ions $M'X_4^{n-}$ der Vorzug gegeben wird. Dies dürfte auch auf die vervollkommneteren Untersuchungsbedingungen, vor allem die Anwendung von Lasern (*L*), zurückzuführen sein.

Die polarisierte Linie der totalsymmetrischen Valenzschwingung ν_1 ist in allen Fällen am intensivsten. Dagegen sind die Valenzschwingung ν_3 und die Deformationsschwingungen ν_2 und ν_4 nur sehr schwach ausgeprägt. Meist deuten sie sich nur als kleine Schultern an oder heben sich kaum vom Spektrenuntergrund ab. Eine genaue Zuordnung der Lage der Peakmaxima ist sehr schwierig und besonders bei den Arbeiten, die zur Anregung eine Quecksilberlampe benutzten, auch zweifelhaft. Außerdem sind vollständige Polarisationsuntersuchungen, die erst eine eindeutige Aussage zur räumlichen Struktur der komplexen Ionen erlauben, sehr selten.

Für die Interpretation der eigenen Ergebnisse geben die umfangreichen Untersuchungen der Struktureigenschaften der Systeme Magnesiumchlorid—Alkalimetallchlorid im festen und geschmolzenen Zustand wertvolle Anhaltspunkte [10]. Die Variation der Molverhältnisse $MCl:MgCl_2$ zwischen 0,5 und 4 zeigte, daß in den RAMAN-Spektren der Schmelzen mit hohen $MgCl_2$-Gehalten neben dem Peak ν_1 des $MgCl_4^{2-}$-Ions ($237\cdots251\ cm^{-1}$) eine weitere Linie bei etwa $225\ cm^{-1}$ erkennbar ist, die mit der Bildung eines neuen Teilchens zusammenhängen dürfte. In der Analogie zu den Ergebnissen bei dem System $KCl-AlCl_3$ [80], wo die Linien $350\ cm^{-1}$ und $312\ cm^{-1}$ den Ionen $AlCl_4^-$ bzw. $Al_2Cl_7^-$ zugeordnet wurden, wird die Bildung von $Mg_2Cl_7^{3-}$-Ionen angenommen. Vor allem in magnesiumchloridreichen Mischungen mit CsCl, RbCl oder KCl sollten $MgCl_4^{2-}$- und $Mg_2Cl_7^{3-}$-Ionen in einem temperaturabhängigen Gleichgewicht nebeneinander existieren.

$$8\,CsMgCl_{3(s)} \rightleftharpoons 8\,Cs^+ + 2\,Mg^{2+} + 6\,MgCl_4^{2-} \tag{9}$$

$$6\,MgCl_4^{2-} \rightleftharpoons 3\,Mg_2Cl_7^{3-} + 3\,Cl^- \tag{10}$$

Dies steht in voller Übereinstimmung mit der Zuordnung der RAMAN-Linien bei Mischungen aus dreiwertigen Halogeniden und Alkalimetallhalogeniden (Tab. 11). Größere Aggregate sind auch möglich, besitzen allerdings eine geringere Lebensdauer.

Da die $Mg_2Cl_7^{3-}$-Ionen in ihrem Aufbau zwei eckenverknüpften Tetraedern entsprechen, wird die tetraedrische Koordination der zweiwertigen Metallkationen über den gesamten Konzentrationsbereich beibehalten.

Die Bildung von $MgCl_3^-$-Ionen neben $MgCl_4^{2-}$-Ionen ist unwahrscheinlich, da deren symmetrische Valenzschwingung bei höheren Wellenzahlen liegen müßte. Die Halbwertsbreiten deuten an, daß die kinetische Stabilität der $MgCl_4^{2-}$- und $Mg_2Cl_7^{3-}$-Komplexe in der gleichen Größenordnung wie die Zeiten für die Chlorid-Diffusion liegt. In der geschmolzenen Mischung $CsCl-MgCl_2$ ist die Lebensdauer dieser Komplexe größer als 10^{-10} s.

In Mischungen aus Calciumhalogeniden und Alkalimetallhalogeniden sind die Wechselwirkungen in der Schmelze erwartungsgemäß geringer. Röntgendiffraktometrische Untersuchungen der geschmolzenen Systeme $LiCl-CaCl_2$ [94] und $NaCl-CaCl_2$ [95] ergaben allerdings keinerlei Hinweise auf die Existenz komplexer Ionen.

Tabelle 10
RAMAN-Spektren geschmolzener Halogenidmischungen $M'X_2-MX$ (Literaturdaten)

System	$x_{M'X_2}$	Temperatur (°C)	ν_1 (cm^{-1})	ν_2 (cm^{-1})	ν_3 (cm^{-1})	ν_4 (cm^{-1})	Zuordnung	Anregung	Literatur
$ZnCl_2-KCl$	0,33	450…550	280			92	$ZnCl_4^{2-}$ tetraedr.	Hg	[11]
	0,50	250…550	292			85	$ZnCl_3^-$ pyramid.		
$ZnCl_2-KCl$	0,33	280…500	283*p*	124		75	$ZnCl_4^{2-}$ tetraedr.	Hg	[67]
$ZnCl_2-KCl$	0,33	450	280*p*	110*dp*			$ZnCl_4^{2-}$ tetraedr.	L	[12]
	0,50	350	295*p*		230*p*	75*dp*	$(ZnCl_3)_n^{n-}$ Bruchst.		
$ZnCl_2-KCl$	0,33	500	280*p*				$ZnCl_4^{2-}$ tetraedr.	L	[68]
$ZnCl_2-KCl$	0,50		290*p*	95*dp*	230	80*dp*		Hg	[69]
$ZnCl_2-RbCl$	0,33		284*p*			90	$ZnCl_4^{2-}$ tetraedr.	Hg	[69]
	0,50		303*p*	115*dp*	237*p*	90*dp*	und		
$ZnCl_2-CsCl$	0,50	700	290*p*		230	95	$ZnCl_3^-$ pyramid.	Hg	[69]
$ZnCl_2-LiCl$	0,50		290*p*	105	230	76		Hg	[69]
$CdCl_2-KCl$	0,33	460	259			83	$CdCl_3^-$ pyramid.	Hg	[11]
	0,50	400…700	259			83	$CdCl_3^-$ pyramid.		
$CdCl_2-KCl$	0,33	482…660	259				$CdCl_3^-$ pyramid.	Hg	[70]
	0,50	482…708	257	211	245	177	$CdCl_3^-$ pyramid.		
$CdCl_2-KCl$	0,50	450…550	259*p*				$CdCl_4^{2-}$ und $CdCl_3^-$	L	[71]
$CdCl_2-CsCl$	0,33	600	255*p*				$CdCl_4^{2-}$ und $CdCl_3^-$	L	[72]
$CdCl_2-LiCl$	0,33	700	255*p*				$CdCl_4^{2-}$ und $CdCl_3^-$	L	[72]
$HgCl_2-KCl$			267				$HgCl_4^{2-}$ tetraedr.	Hg	[73]
$PbCl_2-KCl$	0,33	640	352*p*	248*p*	232*p*	149*p*	$PbCl_4^{2-}$ tetraedr.	Hg	[74]
$MnCl_2-LiCl$	0,33	700	244*p*				$MnCl_4^{2-}$ tetraedr.	L	[75]
$MnCl_2-NaCl$	0,33	700	248*p*				$MnCl_4^{2-}$ tetraedr.	L	[75]
$MnCl_2-KCl$	0,33	700	249*p*				$MnCl_4^{2-}$ tetraedr.	L	[76]
$MnCl_2-RbCl$	0,33	700	249*p*				$MnCl_4^{2-}$ tetraedr.	L	[75]
$MnCl_2-CsCl$	0,33	700	247*p*				$MnCl_4^{2-}$ tetraedr.	L	[75]
$MnCl_2-CsCl$	0,33	700	249*p*				$MnCl_4^{2-}$ tetraedr.	L	[77]
$MgCl_2-LiCl$	0,20	600…700	237*p*	100*dp*	350*dp*	149*dp*	$MgCl_4^{2-}$ tetraedr.	L	[10]
	0,50	600…700	237*p*	100*dp*	350*dp*	149*dp*	$MgCl_4^{2-}$ tetraedr.		

Tabelle 10 (Fortsetzung)

System	$x_{M'X_2}$	Temperatur (°C)	ν_1 (cm^{-1})	ν_2 (cm^{-1})	ν_3 (cm^{-1})	ν_4 (cm^{-1})	Zuordnung	Anregung	Literatur
$MgCl_2$—NaCl	0,20	600···700	248*p*	105*dp*	350*dp*	145*dp*	$MgCl_4^{2-}$ tetraedr.	L	[10]
	0,50	600···700	246*p*	105*dp*	350*dp*	145*dp*	$MgCl_4^{2-}$ tetraedr.		
$MgCl_2$—KCl	0,20	600···700	251*p*	110*dp*	350*dp*	145*dp*	$MgCl_4^{2-}$ tetraedr.	L	[10]
	0,50	600···700	248*p*	105*dp*	350*dp*	145*dp*	$MgCl_4^{2-}$ tetraedr.		
$MgCl_2$—KCl	0,33	475	255*p*	152*p*	450*dp*	198*dp*	$MgCl_3^-$ pyramid.	Hg	[78]
	0,50	525	250*p*	158*p*	451*dp*	208*dp*	$MgCl_3^-$ pyramid.		
$MgCl_2$—KCl	0,33	550	256*p*			160*dp*	$MgCl_4^{2-}$ oder $MgCl_3^-$	L	[79]
$MgCl_2$—KCl	0,33	450	252*p*	100*dp*	330*dp*	142*dp*	$MgCl_4^{2-}$ tetraedr.	L	[80]
$MgCl_2$—KCl	0,33	467	252*p*	115*dp*	350*dp*	145*dp*	$MgCl_4^{2-}$ tetraedr.	L	[81]
$MgCl_2$—RbCl	0,20	600···700	251*p*	114*dp*	350*dp*	145*dp*	$MgCl_4^{2-}$ tetraedr.	L	[10]
	0,50	600···700	249*p*	114*dp*	350*dp*	145*dp*	$MgCl_4^{2-}$ tetraedr.		
$MgCl_2$—CsCl	0,50	600···700	250*p*	109*dp*	335*dp*	144*dp*	$MgCl_4^{2-}$ tetraedr.	L	[10]
$MgCl_2$—CsCl	0,33	577	250*p*	104*dp*	350*dp*	142*dp*	$MgCl_4^{2-}$ tetraedr.	L	[81]
$BaCl_2$—KCl	0,33	700	470		541	382	$BaCl_3^-$ planar	Hg	[82]
	0,40	700	472		543	380	$BaCl_3^-$ planar		
$ZnBr_2$—LiBr	0,33	500	172*p*	66*dp*		79*dp*	$ZnBr_4^{2-}$ tetraedr.	L	[64]
$ZnBr_2$—NaBr	0,33	600	178*p*	75*dp*		94*dp*	$ZnBr_4^{2-}$ tetraedr.	L	[64]
$ZnBr_2$—KBr	0,33	400	171*p*	57*dp*	231*dp*	84*dp*	$ZnBr_4^{2-}$ tetraedr.	L	[64]
$ZnBr_2$—KBr	0,34	460	170*p*	60	210*dp*	80	$ZnBr_4^{2-}$ und $ZnBr_3^-$	Hg	[69]
	0,50	480	180*p*		225	80	$ZnBr_4^{2-}$ und $ZnBr_3^-$		
$ZnBr_2$—CsBr	0,33	600	168*p*		207*dp*	78*dp*	$ZnBr_4^{2-}$ tetraedr.	L	[64]
$CdBr_2$—LiBr	0,33	500	160*p*				$CdBr_4^{2-}$ tetraedr.	L	[64]
$CdBr_2$—NaBr	0,33	500	163*p*				$CdBr_4^{2-}$ tetraedr.	L	[64]
$CdBr_2$—KBr	0,33	500	162*p*				$CdBr_4^{2-}$ tetraedr.	L	[64]
$CdBr_2$—KBr	0,33	600	161				$CdBr_4^{2-}$ tetraedr.	L	[72]
$CdBr_2$—CsBr	0,33	500	163*p*				$CdBr_4^{2-}$ tetraedr.	L	[64]
$HgBr_2$—LiBr	0,33	450	190*p*				$HgBr_4^{2-}$ tetraedr.	L	[64]
$HgBr_2$—NaBr	0,33	450	186*p*				$HgBr_4^{2-}$ tetraedr.	L	[64]
$HgBr_2$—KBr	0,33	450	179*p*				$HgBr_4^{2-}$ tetraedr.	L	[64]

Tabelle 10 (Fortsetzung)

System	$x_{M'X_2}$	Temperatur (°C)	ν_1 (cm^{-1})	ν_2 (cm^{-1})	ν_3 (cm^{-1})	ν_4 (cm^{-1})	Zuordnung		Anregung	Literatur
$HgBr_2$—CsBr	0,33	450	169*p*				$HgBr_4^{2-}$	tetraedr.	L	[64]
$MgBr_2$—LiBr	0,33	550	144*p*			79*dp*	$MgBr_4^{2-}$	tetraedr.	L	[64]
$MgBr_2$—NaBr	0,33	550	147*p*	61*dp*		83*dp*	$MgBr_4^{2-}$	tetraedr.	L	[64]
$MgBr_2$—KBr	0,33	550	156*p*			85*dp*	$MgBr_4^{2-}$	tetraedr.	L	[64]
$MgBr_2$—KBr	0,33	550	157*p*			90*dp*	$MgBr_4^{2-}$	oder $MgBr_3^-$	L	[79]
$MgBr_2$—CsBr	0,33	550	157*p*	61*dp*		83*dp*	$MgBr_4^{2-}$	tetraedr.	L	[64]
ZnI_2—CsI	0,33		122*p*	44	170	64	ZnI_4^{2-}	tetraedr.	L	[83]
CdI_2—CsI	0,33		117*p*	36	145	45	CdI_4^{2-}	tetraedr.	L	[83]
MgI_2—KI	0,40	360	109*p*	39*dp*		58*dp*	MgI_4^{2-}	tetraedr.	L	[79]
MgI_2—KI	0,33	400	107*p*	42*dp*	259*dp*	60*dp*	MgI_4^{2-}	tetraedr.	L	[80]

Tabelle 11

RAMAN-Spektren geschmolzener Halogenidmischung $M'X_3$—MX (Literaturdaten)

System	$x_{M'X_3}$	Temp.	RAMAN-Frequenzen										Zuordnung	Anregung	Literatur
		(°C)	(cm⁻¹)	(cm⁻¹)	(cm⁻¹)	(cm⁻¹)	(cm⁻¹)	(cm⁻¹)	(cm⁻¹)	(cm⁻¹)	(cm⁻¹)	(cm⁻¹)			
$AlCl_3$—LiCl	0,50	200	348*p*	119*dp*	498*dp*	182*dp*							$AlCl_4^-$	L	[84]
	0,67	200	346*p*	117		177*dp*	432*p*	392*p*	312*p*	159	101		$Al_2Cl_7^-$		
$AlCl_3$—NaCl	0,50	165	349	146	575	180							$AlCl_4^-$	Hg	[85]
$AlCl_3$—NaCl	0,50	200	349*p*	145*dp*	580*dp*	183*dp*							$AlCl_4^-$	Hg	[86]
$AlCl_3$—NaCl	0,50	225	351*p*	121*dp*	490*dp*	186*dp*							$AlCl_4^-$	L	[87]
	0,67	225	348*p*				432*p*	388*p*	312*p*	162*dp*	97*dp*		$Al_2Cl_7^-$		
$AlCl_3$—KCl	0,50	300	350*p*	122*dp*	487*dp*	182*dp*							$AlCl_4^-$	L	[88]
	0,67	170	350*p*	118*dp*		178*dp*	425*p*		312*p*	164*dp*	99*dp*	435*dp*	$Al_2Cl_7^-$		
$AlCl_3$—CsCl	0,50	400	344*p*	120*dp*	483*dp*	178*dp*							$AlCl_4^-$	L	[84]
	0,67	280	343*p*			178	427*p*	388*p*	305*p*	160	95		$Al_2Cl_7^-$		
$GaCl_3$—KCl	0,47	250	346	124	370	164							$GaCl_4^-$	L	[89]
	0,67	116					390	367	270	144	98		$Ga_2Cl_7^-$		
$GaCl_3$—CsCl	0,67	275	344				393	366	266	140	90		$Ga_2Cl_7^-$	L	[90]
$GaCl_3$—CsCl	0,50	575	344*p*	122	375	154							$GaCl_4^-$	L	[91]
	0,67	475	342*p*					365*p*		136	89		$Ga_2Cl_7^-$		
$InCl_3$—LiCl	0,50		320*p*	87*dp*	346*dp*	114*dp*							$InCl_4^-$	L	[92]
$InCl_3$—KCl	0,50		320*p*	87*dp*	346*dp*	114*dp*							$InCl_4^-$	L	[92]
$InCl_3$—KCl	0,50	540	315*p*	89*dp*	347*dp*	111*dp*							$InCl_4^-$	L	[93]
$InCl_3$—CsCl	0,50		320*p*	87*dp*	346*dp*	114*dp*							$InCl_4^-$	L	[92]

Tabelle 12
Parameter der Raman-Spektren der Mischung LiBr—$CaBr_2$

Temperatur (K)	ν_1 (cm^{-1})	Peakhöhe (mm)	Halbwertsbreite (cm^{-1})
773	117	30	33,9
823	120	31	31,1
873	120	35	34,7
923	120	29	29,1

Tabelle 13
Parameter der Raman-Spektren der Mischung KBr—$CaBr_2$

Temperatur (K)	ν_1 (cm^{-1})	Peakhöhe (mm)	Halbwertsbreite (cm^{-1})
848	120	38	26,0
873	120	39	25,2
898	120	32	27,6
923	120	34	28,3
948	120	31	27,6
973	120	30,5	27,6
1023	120	30	26,8
1073	120	33	25,2
848	120	36,5	27,5
898	120	36	27,9
948	120	33	28,3
998	120	31	28,7
1048	120	31	27,5
1098	120	25	28,7

Tabelle 14
Parameter der Raman-Spektren der Mischung RbBr—$CaBr_2$

Temperatur (K)	ν_1 (cm^{-1})	Peakhöhe (mm)	Halbwertsbreite (cm^{-1})
913	123,5	38	25,1
948	123,5	35	23,5
998	123,5	27	24,3
1048	123,5	24	26,7
1098	123,5	20	26,7
913	124	30	26,8
948	123	26,5	25,2
998	125	20	27,6
1048	120	15	28,3
1098	125	12	26,8

Tabelle 15
Parameter der RAMAN-Spektren der Mischung $KCl-CaCl_2$

Temperatur (K)	ν_1 (cm^{-1})	Peakhöhe (mm)	Halbwertsbreite (cm^{-1})
933	200	27	47,2
938	200	27	45,7
953	200	24	42,5
973	200	26	44,9
993	200	25	45,7
1033	203	21	47,2

Zur Klärung der Verhältnisse in calciumhalogenidhaltigen Mischungen wurden von uns die RAMAN-Spektren der Systeme $LiBr-CaBr_2$, $KBr-CaBr_2$, $RbBr-CaBr_2$ sowie $KCl-CaCl_2$ im Temperaturbereich 773···1098 K aufgenommen. Die Zusammensetzung entsprach in allen Fällen dem Molverhältnis 2:1. Die Ergebnisse sind in den Tab. 12—15 zusammengefaßt.

Als Beispiel ist in Abb. 6 die breite Bande der totalsymmetrischen Schwingung ν_1 der Bromidmischungen zu sehen. In der Abhängigkeit von der Temperatur ist bei den untersuchten Mischungen keine signifikante Verschiebung der Wellenzahl bzw. wesentliche Änderung der Halbwertsbreite $\Delta\nu$ festzustellen.

Die Linie ν_1 verschiebt sich bei der Chloridmischung zu höheren Wellenzahlen hin und ordnet sich damit sehr gut in vergleichbare Literaturdaten ein. In Tab. 16 ist für einige Ionen des Typs $M'X_4^{n-}$ mit tetraedrischer Struktur das Wellenzahlverhältnis Br^-/Cl^- der Schwingung ν_1 aufgeführt.

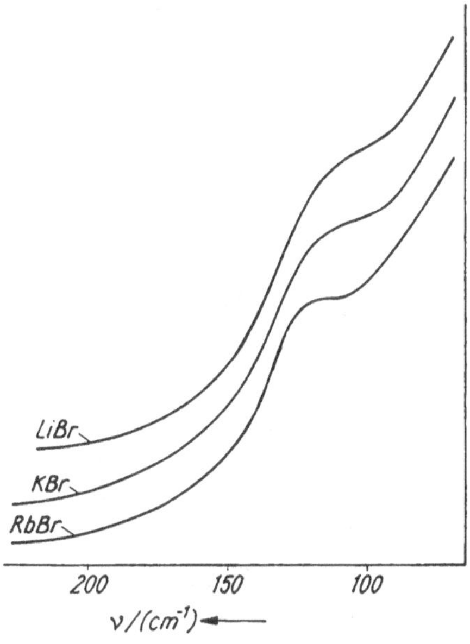

Abb. 6: RAMAN-Spektren der geschmolzenen Mischungen $MBr-CaBr_2$. Molverhältnis 2:1; LiBr = 873 K. KBr = 898 K. RbBr = 913 K.

Tabelle 16

Br^-/Cl^--Wellenzahlverhältnis (ν_1) für tetraedrische $M'X_4$-Spezies

$M'X_4$	ν_1/cm^{-1}		Wellenzahlverhältnis
	Br^-	Cl^-	Br^-/Cl^-
ZnX_4^{2-}	176	282	0,62
CdX_4^{2-}	167	260	0,64
HgX_4^{2-}	166	269	0,62
MgX_4^{2-}	157	256	0,61
GaX_4^-	210	345	0,61
CaX_4^{2-}	120	200	0,60

Das Wellenzahlverhältnis besitzt einen konstanten Wert von ~0,62 der von uns annähernd auch für die Calciumhalogenid-Mischungen gefunden wurde.

Eine deutliche Abhängigkeit der RAMAN-Spektren zeigt sich beim Wechsel der Alkalimetallkationen, sowohl was die Form der Banden betrifft, als auch bei den Halbwertsbreiten.

Die Mischungen mit Rubidiumhalogeniden (bzw. Caesiumhalogeniden) besitzen eine vergleichsweise schmale ν_1-Bande. In der Reihenfolge Cs < Rb < K < Na < Li verbreitert sich diese auf Grund schwächer werdender Wechselwirkungen. Am Beispiel der eigenen Untersuchungen ist diese Abhängigkeit nur unvollständig zu erkennen (Abb. 6).

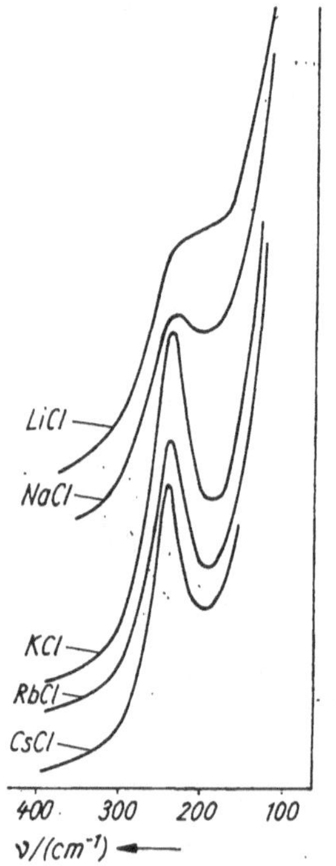

Abb. 7: RAMAN-Spektren der geschmolzenen Mischungen $MCl—MnCl_2$. Molverhältnis 2:1, 973 K [75].

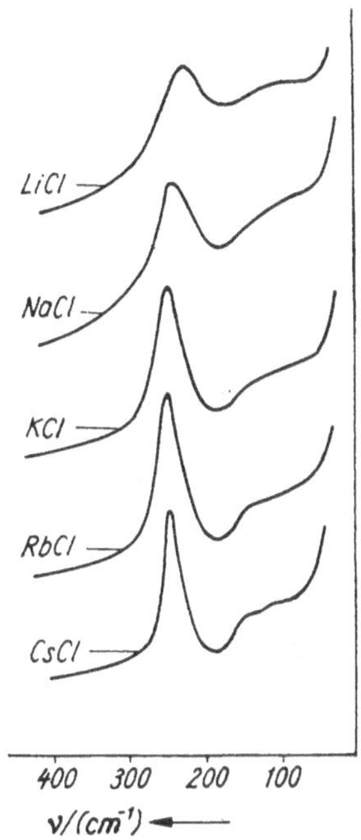

Abb. 8: RAMAN-Spektren der geschmolzenen Mischungen $MCl-MgCl_2$. Molverhältnis 2:1, [10]

Der Einfluß der Alkalimetallkationen auf die RAMAN-Spektren geschmolzener Mischungen wurde u. a. von TANEMOTO und NAKAMURA [75] an den Systemen $MnCl_2-MCl$ und von BROOKER und HUANG [10] an Mischungen $MgCl_2-MCl$ studiert. Die Ergebnisse sind in den Abb. 7 und 8 dargestellt.

Die deutlich größeren Halbwertsbreiten der Banden bei den lithiumhalogenid-

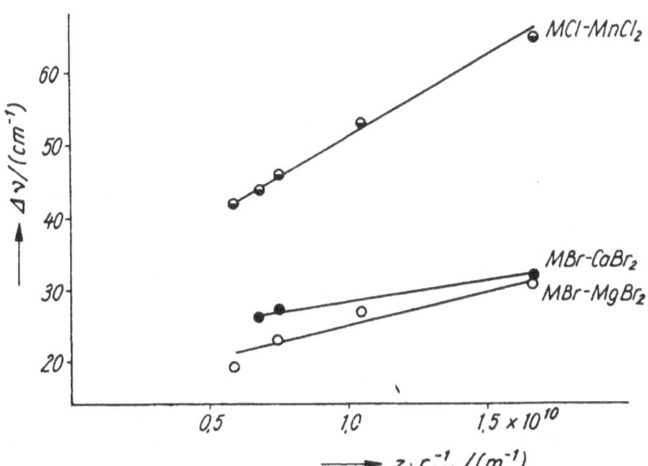

Abb. 9: Zusammenhang zwischen der Halbwertsbreite $\Delta\nu_{\frac{1}{2}}$ und dem Ionenpotential der Alkalimetallkationen.

◒ [75], ○ [64], ● eigene Werte

haltigen Mischungen sind auf eine gewisse Kontrapolarisation durch das Li^+-Kation, das ein hohes Ionenpotential besitzt, zurückzuführen. Auf diese Weise ergibt sich aus der Konkurrenz des zweiwertigen Kations und des Li^+-Ions um die Anionen eine Abschwächung der Bindungen des komplexen Ions $M'X_4^{n-}$.

Ein linearer Zusammenhang wurde zwischen den Halbwertsbreiten von ν_1 und der polarisierenden Wirkung der Alkalimetallkationen, ausgedrückt durch das Ionenpotential, gefunden (Abbildung 9).

Von Bues und Mitarbeitern [64] wurden in letzter Zeit ebenfalls ramanspektroskopische Untersuchungen an Mischungen aus Calciumbromid bzw. -iodid mit den entsprechenden Alkalimetallbromiden und -iodiden durchgeführt. Im Gegensatz zu unseren Messungen konnten von ihnen jedoch bei den geschmolzenen Mischungen Calciumbromid—Alkalimetallbromid keine Raman-Banden erhalten werden. Ein Teilchen CaI_4^{2-} mit einer ungefähren Lebensdauer von 10^{-13} s wurde in der Mischung $KI-CaI_2$ nachgewiesen.

Aus den Raman-Spektren der Schmelzen Calciumhalogenid—Alkalimetallhalogenid kann die Existenz komplexer Spezies des Typs CaX_4^{2-} im Sinne der Definition von Gruen [62] nicht unmittelbar abgeleitet werden. Relativ starke interionische Wechselwirkungen sind dagegen gesichert. Dies belegen auch die Ergebnisse verschiedener indirekter Untersuchungsmethoden. Die Lebensdauer solcher Nahordnungszustände liegt in der Größenordnung der Zeit für eine Molekülschwingung und zum Teil darunter.

5.2.2. Thermochemische Aspekte der Komplexbildung in geschmolzenen Salzmischungen

Die Ergebnisse der Messungen von Mischungsenthalpien binärer ladungsunsymmetrischer Salzschmelzen [97, 98] können die spektroskopischen Befunde zur Komplexbildung in Ionenschmelzen untermauern. Als Maß für die Wechselwirkungen in Mischungen kann der Enthalpie-Wechselwirkungsparameter $\Delta H^M/x_1x_2$ (im folgenden kurz Wechselwirkungsparameter genannt) dienen.

Die Systeme Alkalimetallchlorid—Magnesiumchlorid zeigen im Konzentrationsbereich $x_{MgCl_2} \approx 0{,}33$ ein ausgeprägtes Minimum. Eine Ausnahme stellt die Mischung mit LiCl dar.

Dieses Minimum korreliert mit dem von Østvold [99] festgestellten „anomalen" Verhalten der partiellen Mischungsentropie der Alkalimetallchloride KCl, RbCl und CsCl in den genannten Mischungen (Abb. 10) und ist ein Hinweis auf die Tendenz zur Bildung des komplexen Anions $MgCl_4^{2-}$.

Die charakteristischen negativen Abweichungen der partiellen Mischungsentropien $\Delta \bar{S}_{MCl}$ bei $x_{MgCl_2} = 0{,}33$ zeugen von einem außerordentlich hohen Ordnungsgrad in diesem Konzentrationsbereich.

Im Zusammenhang mit unseren ramanspektroskopischen Untersuchungen ist die Abhängigkeit des Wechselwirkungsparameters von der Zusammensetzung in den Mischungen $MBr-CaBr_2$ interessant. Der in Abb. 11 dargestellte Verlauf ist der Arbeit von Østvold [98] entnommen. Die zunehmenden Wechselwirkungen in der Reihe $Na < K < Rb < Cs$ werden besonders durch die Minima bei RbBr und CsBr widergespiegelt.

In der Abhängigkeit vom Erdalkalimetallkation besitzt der Wechselwirkungsparameter in den Mischungen $KBr-M'Br_2$ nur im Falle des $MgBr_2$ ein Minimum (Abb. 12).

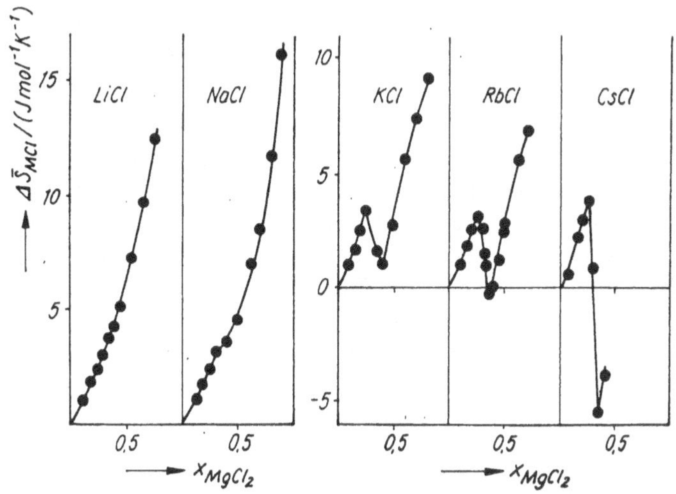

Abb. 10: Partielle Mischungsentropien der Alkalimetallchloride in Mischungen mit Magnesiumchlorid [99].

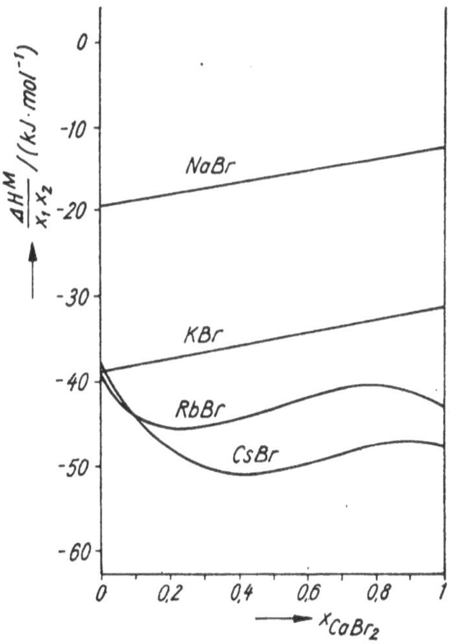

Abb. 11: Konzentrationsabhängigkeit des Wechselwirkungsparameters $\Delta H^M/x_1x_2$ der Mischungen MBr—$CaBr_2$, 1098 K [98].

Von Kleppa [100] wurden ausgehend vom thermodynamischen Verhalten binärer ladungsunsymmetrischer Salzmischungen mit gemeinsamem Anion einige allgemeingültige Tendenzen formuliert:

— Die Mischungsenthalpie wird in erster Linie durch Größe und Ladung der zwei Kationen bestimmt und nur zu einem geringeren Teil durch die Natur des gemeinsamen Anions. Der Einfluß kann durch die Abhängigkeit von dem relativen Ionenpotential ΔIP der beiden Kationen verdeutlicht werden

$$\Delta IP = \frac{z_2}{r_{M'^{2+}}} - \frac{z_1}{r_{M^+}} \tag{11}$$

Dieser von CARTLEDGE [101] eingeführte empirische Parameter fand vielseitige Anwendung in der Chemie einfacher ionischer Mischungen. Die Größe des relativen Ionenpotentials widerspiegelt die Änderungen der COULOMB-Wechselwirkungen beim Mischen. Je größer ΔIP, desto negativer ist die Mischungsenthalpie. Für ionische Mischungen existiert ein linearer Zusammenhang zwischen $\Delta H^M/x_1x_2$ und ΔIP (Abb. 13).

Signifikante Abweichungen gibt es nur für lithiumhalogenid- und magnesiumhalogenidhaltige Mischungen, die einen teilweise kovalenten Bindungscharakter besitzen und einen positiven Beitrag zur Mischungsenthalpie liefern.

— Mit zunehmender Größe des Alkalimetallkations verstärken sich die negativen Abweichungen von der Idealität.
— Bei gleichem Alkalimetallkation werden die Abweichungen vom Idealverhalten negativer, wenn sich die Größe der Erdalkalimetallkationen verringert.
— Die bevorzugte stöchiometrische Konfiguration komplexer halogenidischer Anionen ist $M'X_4^{2-}$, obwohl $M'X_3^-$-Ionen ebenfalls bekannt sind.

Die Aussagen von KLEPPA werden durch die Ergebnisse der ramanspektroskopischen Untersuchungen bestätigt.

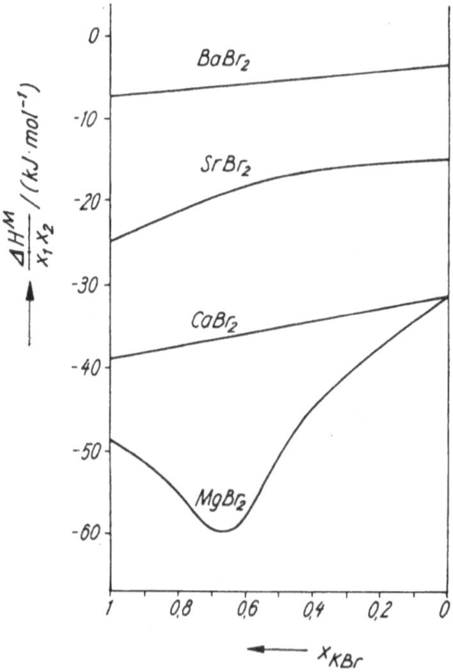

Abb. 12: Konzentrationsabhängigkeit des Wechselwirkungsparameters $\Delta H^M/x_1x_2$ der Mischungen $KBr-M'Br_2$;
$MgBr_2$ = 1045 K, $CaBr_2$ = 1083 K, $SrBr_2$ = 1053 K, $BaBr_2$ = 1136 K [98].

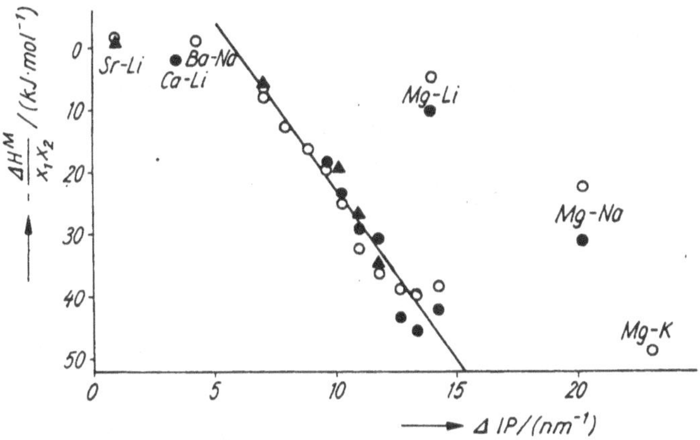

Abb. 13: Zusammenhang zwischen dem Wechselwirkungsparameter $\Delta H^M/x_1x_2$ und der Differenz der Ionenpotentiale ΔIP der Kationen von Alkalimetallhalogenid-Erdalkalimetallhalogenid-Mischungen.

● Chlorid, ○ Bromid, ▲ Iodid

5.3. Phasendiagramme fest/flüssig und die Struktur geschmolzener binärer Mischungen

Von den in dieser Arbeit betrachteten Salzmischungen Alkalimetallhalogenid—Erdalkalimetallhalogenid ($MX—M'X_2$ mit M = Li, Na, K, Rb, Cs; M' = Mg, Ca, Sr, Ba; X = Cl, Br) sind die Schmelzdiagramme in der Literatur bekannt [102—107]. Die Phasendiagramme der Mischungen RbBr—(Mg, Ca)Br_2 und CsBr—(Mg, Ca)Br_2 wurden von uns erstmals bestimmt [105] und später von SEIFERT u. a. [106, 107] bestätigt.

Für die analogen Iodidmischungen liegen derzeit nur Daten der Systeme Alkalimetalliodid—Magnesiumiodid bzw. Calciumiodid vor [108].

Der prinzipielle Verlauf der Liquiduskurven in den Phasendiagrammen fest/flüssig der Chlorid-, Bromid- und Iodidmischungen ist in Abb. 14—16 dargestellt. Man kann nicht unmittelbar, wie früher angenommen, aus einer Verdindungsbildung im festen Zustand auf das Vorhandensein dieser Verbindungen bzw. ihrer komplexen Ionen in der Schmelze schließen. Bei den Ionenschmelzen bilden sich die Moleküle der Verbindungen erst im Moment der Kristallisation.

MARKOV [109] hat auf Grund von Angaben über die Wechselwirkung und die Änderung der thermodynamischen Funktionen versucht, die binären Systeme geschmolzener Salze nach dem Strukturcharakter zu klassifizieren. Danach kann man vier Grundtypen von Lösungen unterscheiden:

— Ideale Lösungen,
— reale Lösungen,
— Lösungen aus assoziierten Komponenten ohne chemische Wechselwirkung,
— Lösungen mit chemischer Wechselwirkung.

Für Lösungen mit chemischer Wechselwirkung wird von ihm die Bildung komplexer Ionen in der Schmelze und das Auftreten von Verbindungen im festen Zustand als charakteristisch angesehen.

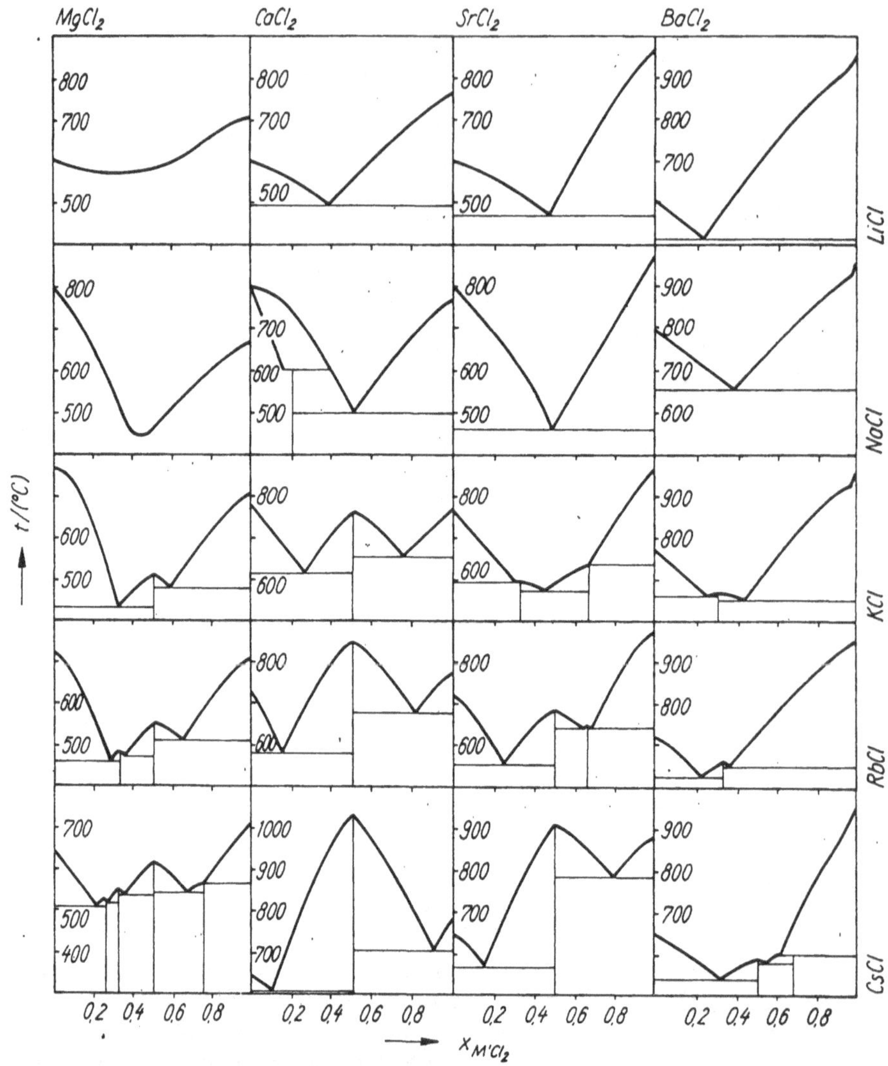

Abb. 14: Schmelzdiagramme der Mischungen Alkalimetallchlorid—Erdalkalimetallchlorid.

Am Beispiel der magnesiumhalogenidhaltigen Systeme kann verdeutlicht werden, daß ein solcher *direkter Zusammenhang* zwischen einer Verbindungsbildung im festen Zustand und der Struktur der geschmolzenen Mischungen nicht existiert. Wie im vorhergehenden Abschnitt gezeigt wurde, sind komplexe Ionen des Typs MgX_4^{2-} in allen geschmolzenen Mischungen Magnesiumchlorid—Alkalimetallchlorid durch spektroskopische Untersuchungen nachgewiesen worden [10]. Eine entsprechende Verbindung im festen Zustand M_2MgX_4 tritt jedoch nur in den Mischungen mit RbX und CsX, z. T. neben anderen Verbindungen, auf. Die Schmelzdiagramme der Systeme mit LiX und NaX sind vom eutektischen Typ, während z. B. im System KCl—$MgCl_2$ die feste Verbindung $KMgCl_3$ gebildet wird.

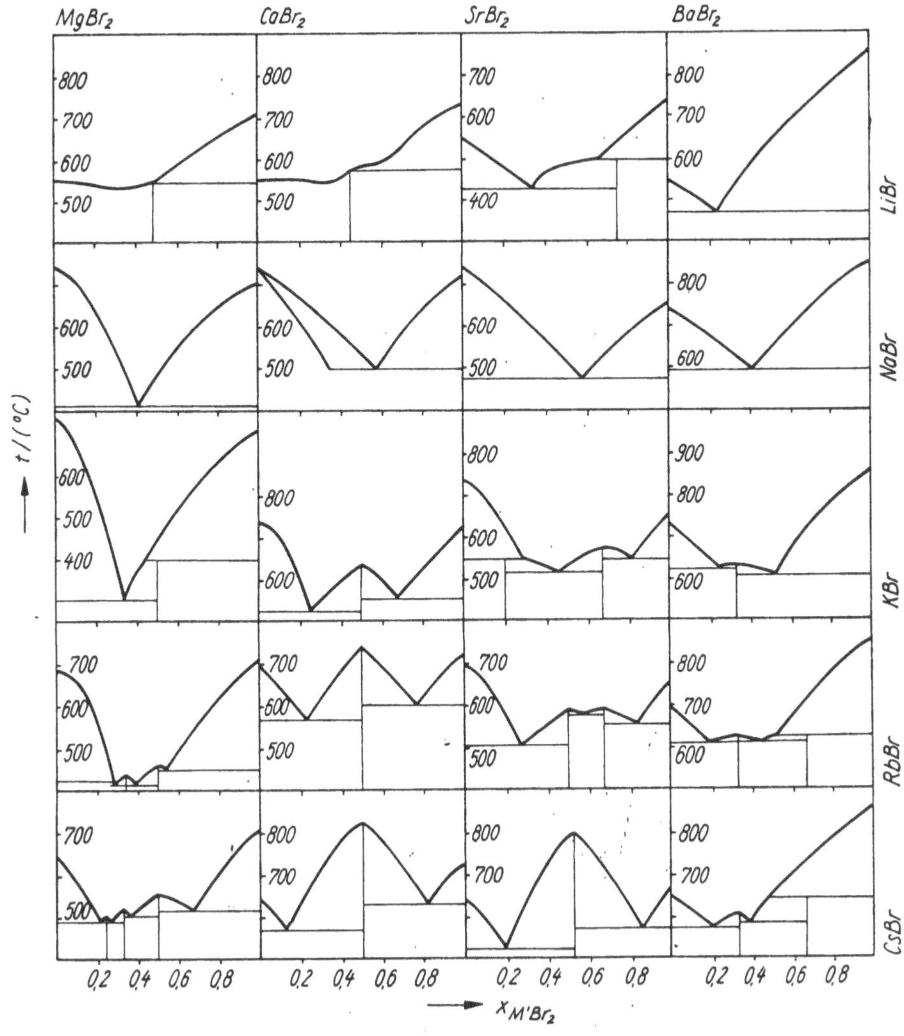

Abb. 15: Schmelzdiagramme der Mischungen Alkalimetallbromid—Erdalkalimetallbromid.

Zieht man andere physikalisch-chemische Eigenschaften bzw. Exzeßeigenschaften geschmolzener Mischungen heran, so erhält man nur indirekte und oft nicht eindeutige Hinweise zur Struktur der Schmelze. In Abb. 17 sind für das System $KCl-MgCl_2$ folgende Eigenschaften zusammengestellt: Schmelzdiagramm [110], Dichte ϱ [111], Exzeßvolumen V^E [112], Oberflächenspannung γ [113], spezifische elektrische Leitfähigkeit K [114], molare Exzeßleitfähigkeit $\Delta\Lambda^E$ [114], dynamische Viskosität η [115], Exzeßdampfdruck $\Delta p_{0,5}$ [116], freie Exzeßenthalpie G^E (aus EMK-Messungen) [117] und der Enthalpie-Wechselwirkungsparameter $\Delta H^M/x_1x_2$ [97].

Dabei besitzen vor allem die Exzeßeigenschaften $\Delta p_{0,5}$, $\Delta\Lambda^E$ und G^E, die die Abweichungen vom Idealverhalten charakterisieren, ausgeprägte Minima bei der Zusammensetzung der Mischung $x_{MgCl_2} = 0{,}5$, der gleichfalls die feste Verbindung $KMgCl_3$ entspricht.

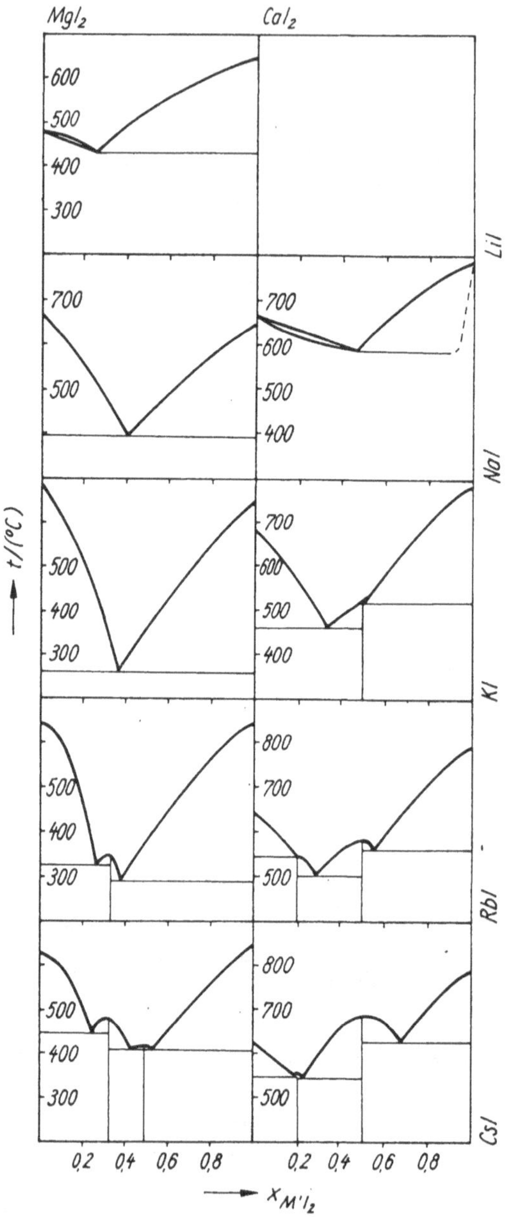

Abb. 16: Schmelzdiagramme der Mischungen Alkalimetalliodid—Erdalkalimetalliodid.

Die Bildung komplexer $MgCl_4^{2-}$-Ionen in der Schmelze, die einem Molenbruch $x_{MgCl_2} = 0{,}33$ entsprechen, wird am besten durch den Konzentrationsverlauf des Enthalpie-Wechselwirkungsparameters $\Delta H^M/x_1x_2$ wiedergegeben, der bei dieser Konzentration durch ein Minimum geht.

Ein analoges Bild ergibt sich — was die Exzeßeigenschaften betrifft — auch für die Mischung KCl—$CaCl_2$ (Abb. 18).

Im Schmelzdiagramm existiert ebenfalls eine feste Verbindung $KCaCl_3$. Dagegen konnten in der Schmelze spektroskopisch zwar verstärkte Wechselwirkungen festgestellt werden, jedoch keine stabilen $CaCl_4^{2-}$-Komplexe. Dies drückt sich auch im linearen Verlauf des Wechselwirkungsparameters $\Delta H^M/x_1x_2$ in der Abhängigkeit von der Konzentration aus [118, 119, 113, 120, 114, 115, 121, 117, 98].

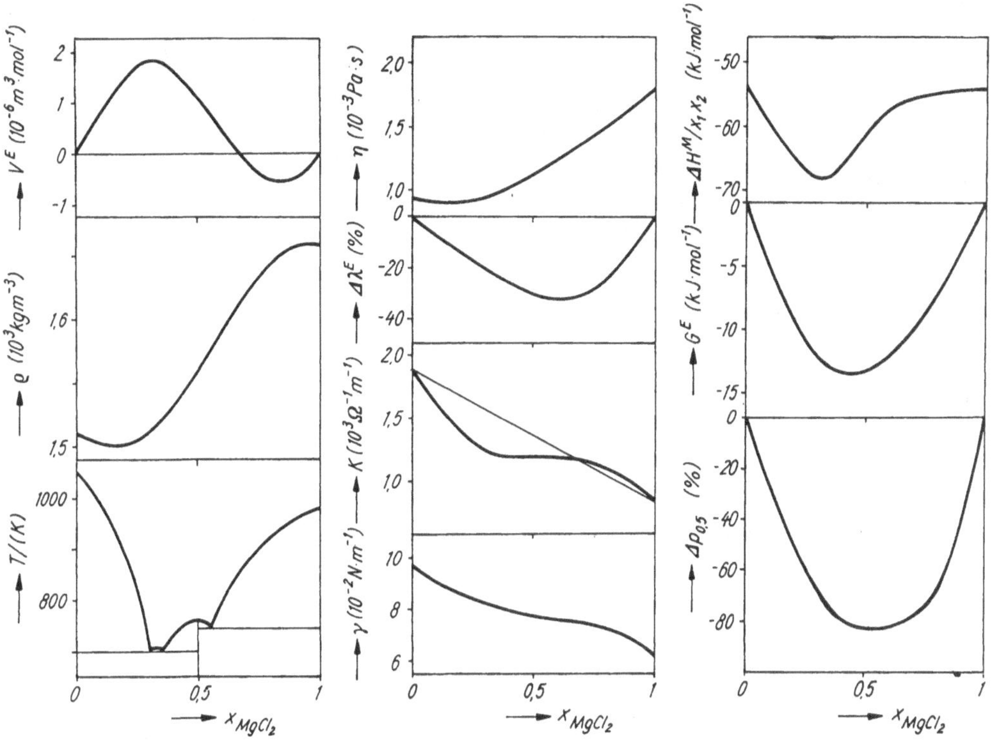

Abb. 17: Ausgewählte physikalisch-chemische Eigenschaften der Mischung $KCl-MgCl_2$.

Obwohl ein direkter Zusammenhang zwischen der Bildung fester Verbindungen und dem Auftreten bestimmter Strukturelemente in der geschmolzenen Mischung nicht nachgewiesen werden konnte, hängen beide von Parametern ab, die die beteiligten Komponenten charakterisieren, wie Größe und Ladung der Ionen und deren Polarisierbarkeiten. (Für Gaskomplexe trifft dies auch zu.)

Bei der Bildung fester chemischer Verbindungen in Salzsystemen spielt offensichtlich, neben den limitierenden Bedingungen für den Aufbau des Kristallgitters, der Unterschied in den Polarisationseigenschaften der Kationen der Komponenten eine entscheidende Rolle.

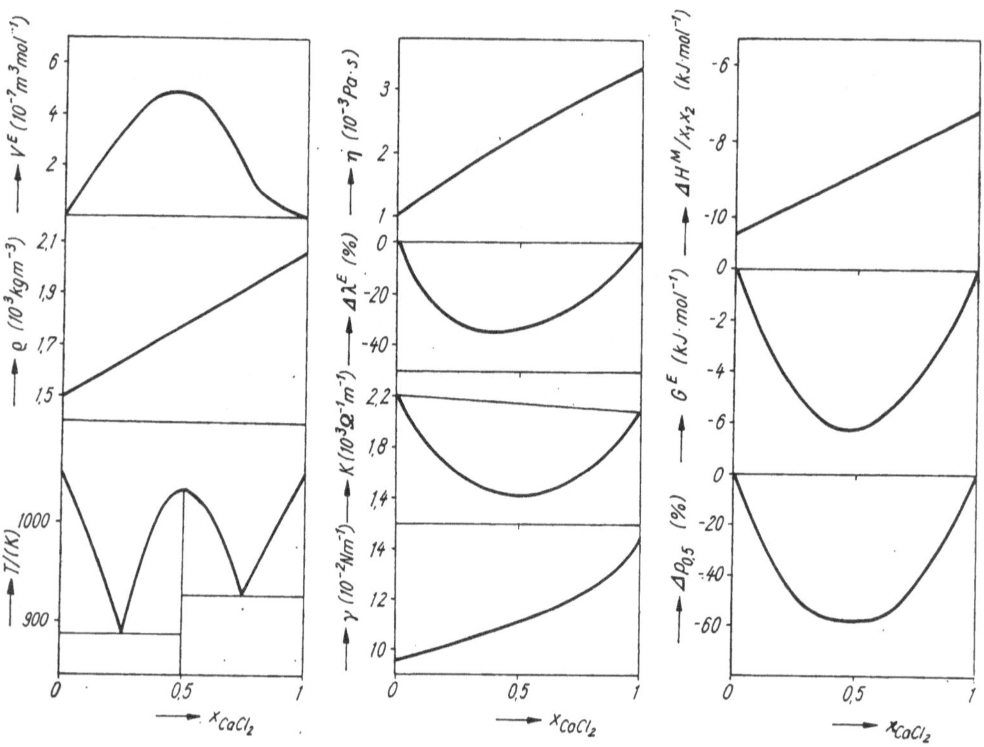

Abb. 18: Ausgewählte physikalisch-chemische Eigenschaften der Mischung KCl—$CaCl_2$.

5.4. Zusammensetzung der Gasphase über geschmolzenen Halogenidmischungen

5.4.1. Die Bildung gasförmiger Homöokomplexe

Gaskomplexe mit Cl-Brücken sind seit längerem bekannt. Sainte-Claire Deville [122] entdeckte 1857 bei Molmassebestimmungen die dimere Natur des Aluminiumchlorids. Erst 1948 fand Ionov [28] durch massenspektrometrische Untersuchungen, daß auch Na_2I_2-Moleküle in erheblichen Konzentrationen auftreten können.

Derzeit sind von sehr vielen gasförmigen Halogeniden Dimere oder auch größere Polymere, die man als Homöokomplexe bezeichnet, bekannt. Von über 50 Elementen wurden dimere Chloridmoleküle nachgewiesen.

Analog zur bekannten Struktur des Al_2Cl_6-Moleküls wird angenommen, daß auch bei den anderen dimeren Halogeniden die Metallatome über Halogen-Doppelbrücken verknüpft sind. Auf Grund der vorwiegend ionischen Natur der Bindungen ergibt sich ein Aufbau mit hoher Symmetrie.

Im allgemeinen nimmt die Polymerenkonzentration $(MX_m)_n$ mit größer werdendem n stark ab. Bei den Halogeniden der Elemente Cu, Ag, Pd, Pt spielen offenbar nichtionische Bindungskräfte eine wichtige Rolle. Dadurch sind bestimmte räumliche Anordnungen bevorzugt, die sich nur bei Bildung größerer Aggregate (z. B. Cu_3Cl_3, Pt_6Cl_{12})

realisieren lassen. Bei den Nichtmetallchloriden ist die Tendenz zur Bildung von Dimeren wenig ausgeprägt.

In der Literatur findet man zahlreiche Arbeiten zur Bestimmung der Stabilität der gasförmigen chloridischen Homöokomplexe. Eine Übersicht wird in [33, 123] gegeben.

Bei unseren massenspektrometrischen Untersuchungen der Alkalimetallchloride, -bromide und -iodide konnten in der Gasphase neben beträchtlichen Anteilen an dimeren Molekülen auch Trimere und häufig Tetramere gefunden werden. Die Gehalte der Homöokomplexe der Alkalimetallhalogenide sind in Tab. 17 zusammengefaßt.

Tabelle 17

Polymerengehalte im Dampf der Alkalimetallhalogenide [124, 125]

Salz	Temperaturbereich (K)	Dimere (%)	Trimere (%)	Tetramere nachgewiesen
LiCl	783…1073	79…60	2,80…5,50	
NaCl	873…1163	23…52	0,30…1,25	×
KCl	818…1118	14…46	0,25…0,45	×
RbCl	788…1113	12…50	0,10…0,30	×
CsCl	708…1043	5…35	0,05…0,15	×
LiBr	773… 903	78…67	2,70…4,00	
NaBr	793…1103	9…52	0,40…0,60	×
KBr	783…1103	12…57	0,15…0,70	×
RbBr	758…1088	6…41	0,10…0,45	×
CsBr	678… 993	4…32	0,05…0,15	
LiI	698… 833	60…50	0,72…2,45	×
NaI	723…1048	9…50	0,25…0,80	×
KI	748…1073	7…47	0,05…0,35	×
RbI	733… 978	4…26	0,05…0,15	
CsI	683… 958	2…20	—	

Es fällt auf, daß mit Ausnahme der Lithiumhalogenide bei allen Salzen die Dimerengehalte im angegebenen Intervall mit der Temperatur ansteigen. Das steht im Widerspruch zu verschiedenen Literaturangaben, bei denen diese Gehalte zu höheren Temperaturen hin abnehmen. Allerdings wurden dabei andere Untersuchungsmethoden angewandt.

Offensichtlich ist das ein Hinweis darauf, daß einerseits Prozesse der thermischen Zersetzung noch keine größere Rolle spielen und andererseits die dimeren Moleküle erst in der Gasphase gebildet werden und ihre Bildung damit wesentlich vom Dampfdruck abhängt.

Aus der Temperaturabhängigkeit der Massenspektren wurden für die Alkalimetallhalogenide thermodynamische Parameter, wie Sublimationsenthalpien, Verdampfungsenthalpien und Dimerisierungsenthalpien, bestimmt.

In Tab. 18 sind für den Dimerisierungsprozeß der Alkalimetallhalogenide

$$2MX \rightleftharpoons M_2X_2 \quad (12)$$

die Temperaturabhängigkeit der Gleichgewichtskonstanten K_D'

$$K_D' = \frac{I_D^+ \cdot T}{(I_M^+ \cdot T)^2} \tag{13}$$

in der Form $\ln K_D' = A/T - B$ und die Dimerisierungsenthalpien ΔH_D^0 aufgeführt.

Als obere Temperaturgrenze wurde der Schmelzpunkt des jeweiligen Salzes genommen, da bei höheren Temperaturen die Gleichgewichtsbedingungen innerhalb der KNUDSEN-Zelle nicht mehr exakt gewährleistet sind. Dieser Effekt führt bei der Temperaturabhängigkeit von K_D' zu Abweichungen vom linearen Verhalten.

Tabelle 18
Zum Dimerisierungsverhalten der Alkalimetallhalogenide

Salz	A	B	$-\Delta H_D^0$ (kJ · mol⁻¹)	Temperaturbereich (K)
NaCl	20377	30,1646	169,4	873···1073
KCl	20470	32,3253	170,2	818···1043
RbCl	19635	33,1073	163,3	788··· 995
CsCl	15083	29,8339	125,4	708··· 918
NaBr	19151	31,1980	159,2	793···1020
KBr	18096	30,5968	150,5	783···1007
RbBr	14395	27,7597	119,7	758··· 965
CsBr	17465	33,0468	145,2	678··· 909
NaI	15261	28,8781	126,9	723··· 933
KI	15635	29,8592	129,7	748··· 954
RbI	15590	30,2483	129,2	733··· 920
CsI	14243	29,7522	118,4	683··· 899

Aus dem Anstieg des linearen Teils der Kurven wurden die Dimerisierungsenthalpien ΔH_D^0 bestimmt. Bei KIESSLING [40] werden die Werte der Alkalimetallhalogenide mit Literaturdaten verglichen. In den Angaben der einzelnen Autoren treten zum Teil große Differenzen auf, die experimentell oder auch durch verschiedene Berechnungsmethoden bedingt sind.

Aus Tab. 18 ist deutlich eine Tendenz zur Verminderung der Stabilität der Dimeren mit steigendem Radius des Anions zu erkennen. Von BAUER und PORTER [126] wurde eine Korrelation der Dimerisierungsenthalpien bei 1000 K mit den Kationenradien (im kristallinen Zustand) vorgenommen. Ein solcher Vergleich läßt sich sinnvollerweise nur für Substanzen mit ähnlichen Bindungseigenschaften anstellen. Der Einfluß der Alkalimetallkationen auf die Stabilität der gasförmigen Dimeren geht in die gleiche Richtung wie bei den Anionen (Abb. 19).

Die Anteile der Dimeren im Dampf über den Erdalkalimetallhalogeniden sind im untersuchten Temperaturbereich (1050···1400 K) nur gering [127]. Die Gehalte liegen zwischen 1,5···1,9% bei den Calciumhalogeniden und 0,1···0,2% bei den Bariumhalogeniden. Damit beeinflussen sie die Größe des Dampfdruckes kaum und sollten bei nachfolgenden thermodynamischen Betrachtungen vernachlässigt werden können. Allein die Tatsache der Existenz dimerer Teilchen im Dampf der Erdalkalimetallhalogenide ist interessant. Bisher existieren zum Assoziationsverhalten dieser Salze nur

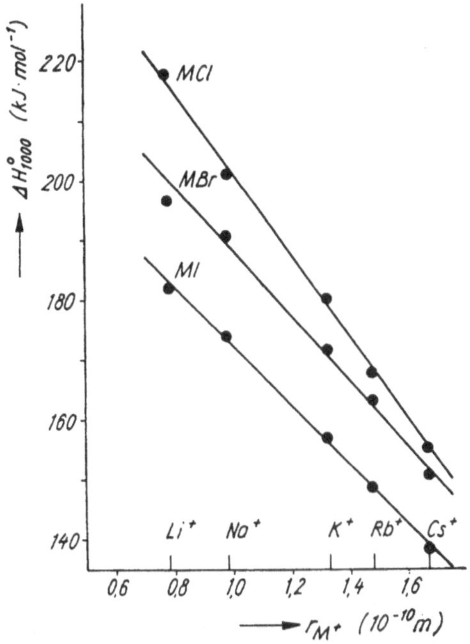

Abb. 19: Dimerisierungsenthalpien der Alkalimetallhalogenide in Abhängigkeit von der Kationengröße [126].

wenige Untersuchungen, die sich hauptsächlich auf Chloride und Fluoride beziehen [128, 129]. Der massenspektrometrische Nachweis der Dimeren im Dampf der Calcium-, Strontium- und Bariumbromide und -iodide gelang uns erstmals [127, 130].

5.4.2. *Die Bildung von Heterokomplexen*

Ziel unserer Untersuchungen der Dampfphase über den binären Mischungen aus Alkalimetall- und Erdalkalimetallhalogeniden war es, Aussagen zu Problemen

— der Eigenassoziation der Alkalimetallhalogenide über den Mischungen,
— des Anteils der Erdalkalimetallhalogenide im Dampf,
— der Bildung gasförmiger Heterokomplexe

zu erhalten.

Die Ergebnisse wurden in Verbindung mit Dampfdruckmessungen nach der KNUDSEN-Effusionsmethode benötigt und sind ausführlich in [131] beschrieben. An dieser Stelle soll vor allem auf die gasförmigen Heterokomplexe eingegangen werden.

Ausgehend von den Arbeiten zu chemischen Transportreaktionen wurden von SCHÄFER [23, 132] eine große Zahl gasförmiger chloridischer Heterokomplexe unterschiedlicher stöchiometrischer Zusammensetzung nachgewiesen sowie Aussagen zu deren Stabilität und Struktur veröffentlicht.

Weit weniger Angaben existieren in der Literatur zur Bildung von Heterokomplexen bei Bromid- und Iodidmischungen.

Im folgenden sind die Verbindungen, von denen bisher gasförmige Heterokomplexe bekannt sind, aufgeführt. Bei den Chloriden (M), Bromiden (○) und Iodiden (□) wurden nur solche Komplexe berücksichtigt, die mittels direkter Methoden (massenspektrometrisch oder mit Hilfe anderer spektroskopischer Methoden) nachgewiesen wurden. Meist sind die Alkalimetallhalogenide MX oder das Aluminiumhalogenid AlX_3 (X = Cl, Br, I) eine der Komponenten des Heterokomplexes.

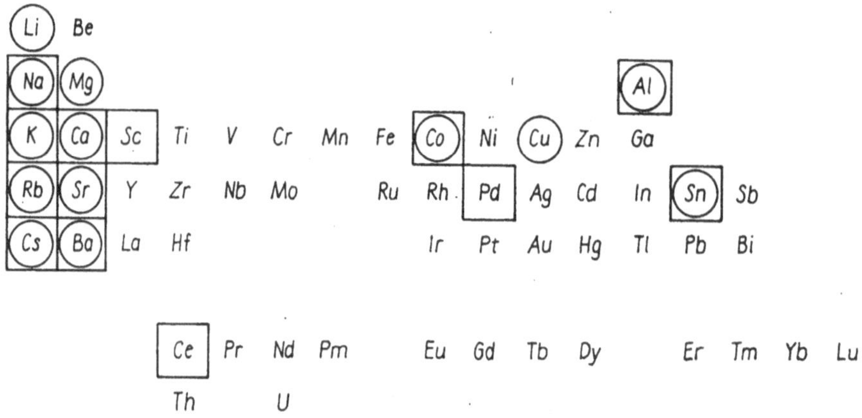

In den Massenspektren der Mischungen wurden neben den Ionen, die auch bei den reinen Komponenten registriert wurden, gemischte Ionen der Form $MM'X_2^+$, $M_2M'X_3^+$ und $MM_2'X_4^+$ beobachtet, die in Analogie zu den Alkalimetall- und Erdalkalimetallhalogeniden den neutralen Muttermolekülen $MM'X_3$, $M_2M'X_4$ bzw. $MM_2'X_5$ zugeordnet wurden. Tab. 19 gibt die maximalen Gehalte dieser Heterokomplexe im Dampf der Mischungen wieder.

Tabelle 19
Gehalte an gasförmigen Heterokomplexen über den Mischungen (%) [133]

Mischung	Temperatur	$MM'X_3$	$M_2M'X_4$	$MM_2'X_5$
$KCl-SrCl_2$	1073	0,1	0,1	
$KCl-BaCl_2$	1073	0,2		
$RbCl-CaCl_2$	1173	1,5	0,5	
	1273	3,0	0,5	
$CsCl-CaCl_2$	1213	0,6	0,5	
	1273	1,0	0,5	
$RbBr-CaBr_2$	1073	1,1	0,5	
	1173	1,7	0,1	
$RbBr-SrBr_2$	1073	0,4	0,1	
$RbBr-BaBr_2$	1073	0,2		
$CsBr-CaBr_2$	973	1,0	0,1	
	1073	1,2	0,5	
$CsBr-SrBr_2$	953	0,1	0,1	
	1073	0,3	0,1	
$CsBr-BaBr_2$	1073	0,1	0,01	
$NaI-CaI_2$	1073	1,7	1,5	0,1
$KI-CaI_2$	1073	6,5	1,0	0,1
$RbI-CaI_2$	1073	3,1	1,0	

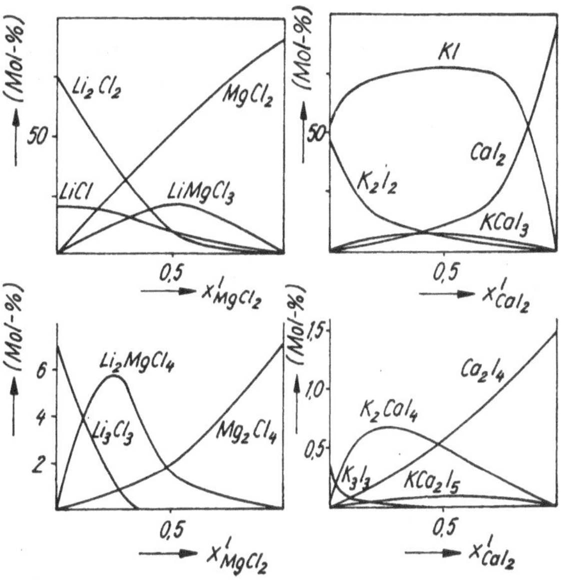

Abb. 20: Dampfzusammensetzung über den Mischungen $LiCl-MgCl_2$ und $KI-CaI_2$.

Von ausgewählten Systemen wurde die Zusammensetzung der Gasphase über den gesamten Konzentrationsbereich der flüssigen Mischung bestimmt. Zwei Beispiele — die Systeme $LiCl-MgCl_2$ und $KI-CaI_2$ — sind in Abb. 20 gezeigt.

Aus diesen und den Ergebnissen der anderen Systeme wird deutlich, daß

— in allen Fällen die Gehalte der 1:1-Heterokomplexe am höchsten sind,
— die Maxima in etwa bei der entsprechenden Zusammensetzung der flüssigen Mischung zu finden sind,
— die Absolutgehalte der Komplexe vom Partialdampfdruck der Komponenten abhängen und damit
— den zu erwartenden Stabilitätskriterien entgegenlaufen.

Im allgemeinen unterscheiden sich die Dampfdrücke der Alkalimetallhalogenide und der Erdalkalimetallhalogenide recht stark. p_{MX} ist etwa um den Faktor 200 größer als p_{MX_2}. In solchen Fällen sind die Gehalte an Heterokomplexen im Dampf relativ gering ($< 2\%$). Liegen dagegen die Dampfdrücke der Komponenten in vergleichbaren Größenordnungen, wie das bei den Iodiden bzw. bei den Magnesiumhalogeniden der Fall ist, erhöhen sich die Anteile der Gaskomplexe beträchtlich. Diese Abhängigkeit sowie auch Experimente zum chemischen Transport, sind Hinweise dafür, daß die Heterokomplexe in einer Gasphasenreaktion gebildet werden und nicht als solche verdampfen. Mit anderen Worten: Das Vorliegen von Gaskomplexen ist kein Kriterium für die Existenz ähnlicher Spezies im geschmolzenen Salz.

Nach unserer Auffassung trifft diese Aussage auch auf die gasförmigen Homöokomplexe zu, obgleich ein experimenteller Beweis dazu weitaus schwieriger ist.

Für die Gasphasenreaktionen

$$MX_{(g)} + M'X_{2(g)} \rightleftharpoons MM'X_{3(g)} \tag{14}$$

$$M_2X_{2(g)} + M'X_{2(g)} \rightleftharpoons M_2M'X_{4(g)} \tag{15}$$

Tabelle 20
Bildungsenthalpien der 1:1- und 2:1-Heterokomplexe (kJ · mol⁻¹)

Komplexe	$-\Delta H^0_{298}$	Komplexe	$-\Delta H^0_{298}$
$LiMgCl_3$	210	Li_2MgCl_4	192
$KMgCl_3$	201	K_2MgCl_4	216
$KSrCl_3$	197	K_2SrCl_4	214
$KBaCl_3$	207		
$RbCaCl_3$	210	Rb_2CaCl_4	217
$CsCaCl_3$	229		
$NaCaBr_3$	210	Na_2CaBr_4	190
$KCaBr_3$	209	K_2CaBr_4	223
$RbCaBr_3$	197	Rb_2CaBr_4	204
$RbSrBr_3$	196	Rb_2SrBr_4	196
$RbBaBr_3$	199		
$CsCaBr_3$	200	Cs_2CaBr_4	205
$CsSrBr_3$	195	Cs_2SrBr_4	210
$CsBaBr_3$	193	Cs_2BaBr_4	195
$NaCaI_3$	193	Na_2CaI_4	192
$KCaI_3$	196	K_2CaI_4	194
$RbCaI_3$	193	Rb_2CaI_4	199
$CsCaI_3$	190	Cs_2CaI_4	203

wurden die Bildungsenthalpien der Heterokomplexe berechnet (Tab. 20). Die dazu notwendigen Werte für ΔS und ΔC_p wurden an Hand entsprechender Daten für die Komplexbildung der reinen Halogenide und Berechnungen an ähnlichen Mischungen ausgewählt [134, 135]:

$$\Delta S = 134\ \mathrm{J \cdot mol^{-1}},$$

$$\Delta C_p = 8{,}5\ \mathrm{J \cdot mol^{-1} \cdot K}.$$

Quantitative Aussagen über die Stabilität dieser Gaskomplexe in Abhängigkeit vom

Tabelle 21
Bildungsenthalpien und -entropien gasförmiger Heterokomplexe von Bromid- bzw. Iodidmischungen

Komplexe	$-\Delta H_T{}^0$ (kJ · mol⁻¹)	$-\Delta S_T{}^0$ (J · mol⁻¹ · K⁻¹)	Temperatur (K)	Literatur
$NaSnBr_3$	167,4	108,7	800···1000	[137]
$KSnBr_3$	154,8	104,6	800···1000	[137]
$CsSnBr_3$	150,6	100,4	800···1000	[137]
$LiCu_2Br_3$	431,3	269,0	900	[138]
Li_2CuBr_3	364,1	244,8	900	[138]
$NaSnI_3$	154,8	108,7	800···1000	[137]
$KSnI_3$	146,4	104,6	800···1000	[137]
$RbSnI_3$	150,6	108,7	800···1100	[137]
$CsSnI_3$	154,8	113,0	800···1100	[137]
$NaCu_2I_3$	403,2	276,1	900	[138]
Na_2CuI_3	338,9	237,2	900	[138]

Erdalkalimetallkation, wie sie z. B. von Novikov und Kuz'menko [136] für die Verbindungen $KM'Cl_3$ (M' = Be, Mg, Ca, Sr) angegeben wurden, lassen sich mit ausreichender Sicherheit nicht treffen. Die Bildungsenthalpien der 1:1-Heterokomplexe lassen mit steigendem Radius des Anions eine Tendenz zur Verringerung der Stabilität erkennen.

Es fällt auf, daß die Enthalpiewerte der verschiedenen stöchiometrischen Heterokomplexe etwa in der gleichen Größenordnung liegen, was für die Verknüpfung der unterschiedlichen Gaskomplexe über gleichartige Halogenbrücken spricht.

In Tab. 21 sind für die wenigen in der Literatur bekannten bromidischen und iodidischen Heterokomplexe ebenfalls die thermodynamischen Daten ihrer Bildung aufgeführt. Der oben erwähnte Einfluß des Anions wird durch die zinnhaltigen Gaskomplexe bestätigt.

5.4.3. Zur Struktur der Gaskomplexe

Die Strukturen der gasförmigen Heterokomplexe sind noch weitgehend unbekannt, obwohl verschiedene hypothetische Strukturvorschläge, die meist auf Ligandenfeldspektren beruhen, existieren. Ausgehend von der Struktur des dimeren Aluminiumchlorids in der Gasphase wird angenommen, daß das Bestreben nach maximaler koordinativer Sättigung eine dominierende Rolle spielt. Für die $AlCl_3$ (oder andere dreiwertige Halogenide) enthaltenden Gaskomplexe werden in irgendeiner Weise immer tetraedrische oder tetraederähnliche Baugruppen postuliert.

Bei den Gaskomplexen der Alkalimetall- und Erdalkalimetallhalogenide ist die tetraedrische Koordination nur in Ausnahmefällen zu erwarten. Schäfer [132] geht bei thermodynamischen Berechnungen der Bildung von Komplexen dieses Typs von kettenförmigen (linearen) Gebilden aus. Charakteristisch für diese, wie auch für die anderen bekannten Gaskomplexe, ist die Verknüpfung der Metallatome über Halogenbrücken.

Inwieweit Zusammenhänge zwischen den Strukturen der Gaskomplexe und denen der Schmelze oder des Festkörpers existieren, läßt sich nicht allgemeingültig voraussagen. Es ist abhängig vom Typ der Bindung in den beteiligten Halogeniden, von der Struktur im festen und flüssigen Zustand sowie von den Schmelz- und Siedetemperaturen.

Es gibt Beispiele, wo eine Substanz in allen drei Aggregatzuständen eine mehr oder weniger ähnliche Struktur besitzt, z. B. Al_2Cl_6. Die hypothetische Struktur der größeren NaCl-Gaskomplexe kann man ebenfalls als Ausschnitte aus der Struktur des NaCl-Kristallgitters auffassen.

Andererseits wurden auch Gaskomplexe beobachtet, in denen Strukturprinzipien und Stöchiometrien auftreten die im kondensierten Zustand bisher unbekannt sind [139].

Kompliziert werden die Strukturuntersuchungen an Gaskomplexen auch dadurch, daß häufig mehrere Komplexe im Gleichgewicht miteinander stehen. Als aussichtsreiche Methode zur Lösung dieses Problems könnte die Schwingungsspektroskopie mit Matrixisolierung angesehen werden.

Die noch ungeklärten Fragen sind allerdings kein Hemmnis für das praktische Interesse an den Gaskomplexen

— *in der präparativen Chemie:*

Schwerflüchtige Halogenide lassen sich mit leichtflüchtigen Komplexbildnern

($AlCl_3$, $FeCl_3$ u. a.) chemisch transportieren und bei niedrigeren Temperaturen abscheiden, als dies bei der Sublimation möglich wäre.

— *bei technischen Fragestellungen:*
Beim Segregationsprozeß zur Gewinnung von Kupfer aus Kupfererzen geht ein Schritt über das gasförmige Cu_3Cl_3. Negative Auswirkungen haben Heterokomplexe bei der Herstellung von $AlCl_3$ und bei der Chlorierung sulfidischer Kupfererze, wo es zu einer Verflüchtigung der Wertkomponenten kommt.

— *bei Hochdruck-Entladungslampen:*
Die Erhöhung der Lichtausbeute erfordert die Einführung anderer Elemente in den Gasraum, was z. B. durch Iodidkomplexe realisiert werden kann (ScI_3/NaI; NaI/SnI_2).

5.5. Korrelation der Wechselwirkungen im kondensierten Zustand mit Parametern der beteiligten Ionen

Die Ergebnisse der massenspektrometrischen Untersuchungen bildeten die Grundlage für die Auswertung früher durchgeführter Dampfdruckmessungen an geschmolzenen Mischungen aus Alkalimetall- und Erdalkalimetallhalogeniden [140—144].

Einen Überblick zu den vorliegenden Dampfdruckisothermen der oben genannten Systeme gibt Tab. 22.

Tabelle 22
Dampfdruckuntersuchungen an Mischungen aus Alkali- und Erdalkalimetallhalogeniden [141, 143]

Mischung	Dampfdruckisothermen (K)			
NaCl—$SrCl_2$	(1073)			
NaCl—$BaCl_2$	1243			
KCl—$CaCl_2$	1073			
KCl—$SrCl_2$	(1073)			
KCl—$BaCl_2$	1243			
RbCl—$CaCl_2$	(1093)	1173	1243	
RbCl—$SrCl_2$	(1023)	(1098)	1173	1243
RbCl—$BaCl_2$	(1023)	(1093)	(1173)	1243
CsCl—$CaCl_2$	(1173)			
CsCl—$SrCl_2$	(1098)	1173	1243	
CsCl—$BaCl_2$	(1098)	(1173)	1243	
NaBr—$CaBr_2$	1073			
NaBr—$SrBr_2$	1073			
NaBr—$BaBr_2$	1153			
KBr—$CaBr_2$	1073			
KBr—$SrBr_2$	1073			
KBr—$BaBr_2$	(1073)	1153		
RbBr—$CaBr_2$	1033	1120	1173	
RbBr—$SrBr_2$	1033	1073	1173	
RbBr—$BaBr_2$	(1073)	1136	1173	
CsBr—$CaBr_2$	(1033)	(1073)	1173	
CsBr—$SrBr_2$	1033	1073	1173	
CsBr—$BaBr_2$	(1073)	1136	1173	

Bei den Temperaturen in Klammern liegen die Mischungen nicht über den gesamten Konzentrationsbereich geschmolzen vor. Außer den in der Tabelle aufgeführten Mischungen wurden die Systeme NaI mit CaI_2, SrI_2 und BaI_2 bei 1073 K vermessen.

Die experimentellen Einzelheiten der Dampfdruckbestimmung nach der KNUDSEN-Effusionsmethode sind bei THOMAS [140] beschrieben.

Der Dampfdruck der Mischungen kann als ein Maß für Wechselwirkungen der Komponenten im kondensierten Zustand bzw. in der Gasphase dienen.

Im Falle idealer Mischungen, wenn zwischen den Komponenten keine Wechselwirkungen auftreten, kann der Dampfdruck des Gemisches nach der Additivitätsregel aus den Dampfdrücken der reinen Komponenten ermittelt werden. Als Beispiel für ein solches Verhalten kann das System NaCl—KCl dienen.

Bei den von uns untersuchten Mischungen liegen Abweichungen von der Additivität bzw. vom Idealverhalten vor. Ein höherer Ordnungsgrad in der Schmelze, der der Bildung komplexer Spezies oder starken interionischen Wechselwirkungen entspricht, verringert den Dampfdruck im Vergleich zum „idealen Dampfdruck", d. h. dem sich aus der Additivität ergebenden Wert.

BELJAEV [145] erklärt negative Abweichungen des Dampfdruckes von der Additivitätsregel mit der Bildung chemischer Verbindungen im festen Zustand. Nach den Ergebnissen unserer Untersuchungen ist eine solche einschränkende Aussage nicht gerechtfertigt. Auch das Auftreten komplexer Teilchen oder Aggregate in der Schmelze, die nicht unmittelbar mit einer Verbindungsbildung im festen Zustand zusammenhängen müssen, und die Bildung gasförmiger Heterokomplexe sind ein Ausdruck für Wechselwirkungen zwischen den Komponenten der Mischung und führen zu einer Erniedrigung des Dampfdruckes.

Im folgenden wird versucht, die Dampfdrücke der Mischungen bzw. daraus abge-

Tabelle 23

Parameter zur Charakterisierung der Komponenten der Mischung

Parameter		Dimension	Bemerkung
Ionenradius	r	(nm)	r_{M^+}; $r_{M'^{2+}}$
Abstandsparameter	$d_{12} = \frac{d_1 - d_2}{d_1 \cdot d_2}$	(nm^{-1})	d_1; d_2: Abstände M—X bzw. M'—X
Ionenpotential	$IP = \frac{z}{r}$	(nm^{-1})	
Differenz der Ionenpotentiale	$\Delta IP = \frac{z}{r_{M'^{2+}}} - \frac{z}{r_{M^+}}$	(nm^{-1})	z: Ladung
Ladungsdichte an der Oberfläche der Kationen	$\sim \frac{z}{r^2}$	(nm^{-2})	
Differenz der Ladungsdichten	$\frac{z}{r^2_{M'^{2+}}} - \frac{z}{r^2_{M^+}}$	(nm^{-2})	
Polarisationsparameter	$P = \alpha \left(\frac{2}{d_2^2} - \frac{1}{d_1^2}\right)^2$		α: Polarisierbarkeit des Anions

leitete thermodynamische Größen mit Parametern zu korrelieren, die die Ionen der Komponenten charakterisieren.

Tabelle 23 enthält eine Zusammenstellung der Parameter, die für die Diskussion der interionischen Wechselwirkungen in binären ladungsunsymmetrischen Salzschmelzen verwendet werden.

Für eine quantitative Beschreibung der experimentellen Ergebnisse der Untersuchung geschmolzener ladungsunsymmetrischer Salzmischungen des Typs $MX-M'X_2$ ist die Konkurrenz der beiden Kationen M^+ und M'^{2+} um das gemeinsame Halogenidion, charakterisiert durch Größe, Ladung und Polarisierbarkeit der Ionen, von entscheidender Bedeutung.

Ionenradien in Schmelzen wurden von ABRAMO u. a. [146] für die Alkalimetallhalogenide angegeben. Diese unterscheiden sich bei den Kationen nur geringfügig von den entsprechenden Radien der Kristalle. Erst bei den $3d$-Elementen nehmen die Abweichungen zu. Größere Unterschiede gibt es bei den Anionenradien, die jedoch ihrem Absolutwert nach bei unseren Betrachtungen keine wesentliche Rolle spielen.

Da für die Erdalkalimetallhalogenide keine Angaben zu Ionenradien in Schmelzen vorliegen, wurden die Radien der kristallinen Salze nach PAULING [14] benutzt. Diese Verfahrensweise ist nicht ganz exakt, spiegelt aber die Verhältnisse in den Mischungen hinreichend gut wider.

In der Literatur werden häufig solche Größen wie Abstandsparameter d_{12}, Differenz der Ionenpotentiale ΔIP bzw. Differenz einer den Ladungsdichten an der Oberfläche der Kationen proportionalen Größe verwendet, um die Abhängigkeit verschiedener Eigenschaften ionischer Salzmischungen von der Art der Ionen zu beschreiben. Nach unserer Ansicht kann der letzte Parameter die Verhältnisse — auch in räumlicher Hinsicht — am besten wiedergeben.

Der Versuch, den Einfluß der Polarisierbarkeit des gemeinsamen Anions durch die verschiedenen Kationen auf die Mischungseigenschaften quantitativ zu erfassen, geht auf LUMSDEN [148] zurück. Er bezeichnete die Änderung der Polarisationsenergie ΔE_p als wichtigsten Beitrag zur Änderung der interionischen Wechselwirkungen beim Mischen der Salze.

In den ladungsunsymmetrischen Mischungen aus Alkalimetall- und Erdalkalimetallhalogeniden wird das Anion X^- durch das unsymmetrische elektrische Feld der zwei entgegengesetzt angreifenden Kationen polarisiert. Das Anion in der Gruppierung $(M'^{2+}\ X^- M^+)$ befindet sich im elektrischen Feld F

$$F = e\left[\frac{2}{d^2_{M'X}} - \frac{1}{d^2_{MX}}\right]. \tag{16}$$

($d_{M'X}$, d_{MX}: interionische Abstände in den reinen Erdalkalimetall- bzw. Alkalimetallhalogeniden)

Für die Änderung der Polarisationsenergie beim Mischen ergibt sich bei Einführung der Polarisierbarkeit des Anions

$$\Delta E_p = -\frac{\alpha F^2}{2} = -\frac{\alpha e^2}{2}\left[\frac{2}{d^2_{M'X}} - \frac{1}{d^2_{MX}}\right]^2 \tag{17}$$

Im allgemeinen wird der Polarisationsparameter P als eine ΔE_p proportionale Größe zur Darstellung der Abhängigkeit verwendet.

Tabelle 24
Ionenparameter (nach PAULING [147])

Ion	Ionenradius r (nm)	Ionenpotential IP (nm^{-1})	„Ladungsdichte" z/r^2 (nm^{-2})
Li^+	0,060	16,67	277,8
Na^+	0,095	10,53	110,8
K^+	0,133	7,52	56,5
Rb^+	0,148	6,76	45,7
Cs^+	0,169	5,92	35,0
Mg^{2+}	0,065	30,77	473,4
Ca^{2+}	0,099	20,20	204,1
Sr^{2+}	0,113	17,70	156,6
Ba^{2+}	0,135	14,81	109,7
Cl^-	0,181		
Br^-	0,195		
I^-	0,216		

Ionenradien, Ionenpotentiale und „Ladungsdichten" der Alkalimetall- und Erdalkalimetallkationen sind in Tab. 24 zusammengefaßt.

Auf der Basis der ermittelten Dampfdrücke und bei Kenntnis der Dampfzusammensetzung über den Mischungen ist es möglich, Aktivitätsdaten der leichter flüchtigen Alkalimetallhalogenide zu berechnen. Unter Annahme idealen Verhaltens in der Dampfphase ergibt sich die Aktivität der Alkalimetallhalogenide a_1 zu

$$a_1 = x_1 f_1 = \frac{p}{p_{01}}. \tag{18}$$

Über weite Konzentrationsbereiche gilt: $p_1 = p_{\text{Mischung}}$ [131]. Der Aktivitätskoeffizient des Erdalkalimetallhalogenids f_2 wurden mit Hilfe der GIBBS-DUHEMschen Gleichung ermittelt. Molare freie Exzeßenthalpien G^E erhält man aus den partiellen molaren freien Exzeßenthalpien der Komponenten der Mischung

$$G^E = x_1 RT \ln f_1 + x_2 RT \ln f_2. \tag{19}$$

Auf Grund mangelnder Werte zur Temperaturabhängigkeit von G^E wurden Orientierungswerte der Exzeßentropien S^E unter Annahme idealen Verhaltens der Mischungen nach

$$S^E = \frac{H^E - G^E}{T} \tag{20}$$

berechnet. Die notwendigen Mischungsenthalpien wurden [92] entnommen.

In Abb. 21 ist an ausgewählten Beispielen der Einfluß der verschiedenen Ionen (Alkalimetallkationen, Erdalkalimetallkationen, Anionen) auf die Abweichung des Dampfdruckes der Mischung von der Additivitätsregel dargestellt. Es zeigt sich, daß die Wechselwirkungen (negative Abweichungen) in den Systemen um so stärker sind, je größer der Unterschied zwischen den Ionenpotentialen der beiden Kationen ist.

Zur gleichen Aussage gelangt man, wenn man den Verlauf der molaren freien Exzeßenthalpien in den gleichen Mischungen betrachtet (Abb. 22). Es kommt zu einer bevor-

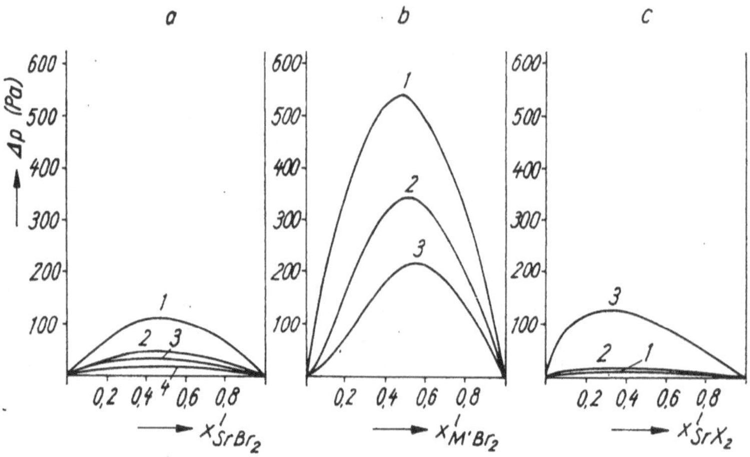

Abb. 21: Einfluß der Ionenparameter auf die Abweichung des Dampfdruckes der Mischungen von der Additivität; 1073 K.

a) MBr—$SrBr_2$; 1Cs, 2Rb, 3K 4Na;

b) CsBr—$M'Br_2$; 1 Ca, 2 Sr, 3 Ba;

c) NaX—SrX_2; 1 Cl, 2 Br, 3 I

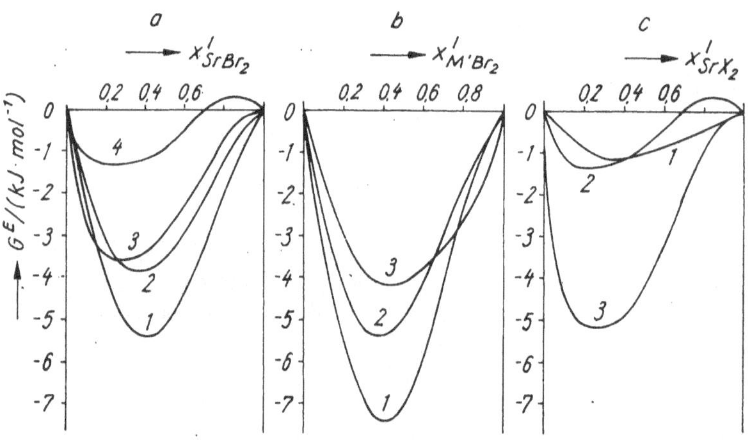

Abb. 22: Konzentrationsabhängigkeit der freien Exzeßenthalpie von Mischungen; 1073 K.

a) MBr—$SrBr_2$; 1 Cs, 2 Rb, 3 K, 4 Na;

b) CsBr—$M'Br_2$; 1 Ca, 2 Sr, 3 Ba;

c) NaX—SrX_2; 1 Cl, 2 Br, 3 I

zugten Koordination der Anionen um das Kation mit dem höchsten Ionenpotential bzw. der größten Ladungsdichte an der Oberfläche. In den hier diskutierten Mischungen ist dies immer das Erdalkalimetallkation.

Bei verschiedenen Anionen ist eine Verstärkung der Abweichungen von der Idealität in der Reihenfolge $Cl^- < Br^- < I^-$ zu verzeichnen. Dieses Verhalten resultiert aus den in gleicher Weise ansteigenden Polarisierbarkeiten der Anionen. Durch die stärkere Deformation der Elektronenhüllen der Halogenidionen nehmen die kovalenten Bindungsanteile zu.

Ein anschauliches Bild über die Rolle der Alkalimetall- und Erdalkalimetallkationen in der geschmolzenen Mischung läßt sich am System LiCl—$BaCl_2$ zeigen. In Abb. 23 ist die Abhängigkeit des Dampfdruckes der Mischung von der Additivität, bezogen auf den „Idealdampfdruck" bei der Zusammensetzung $x_{M'Cl_2} = 0{,}5$ von der Differenz der Ladungsdichten der Kationen dargestellt. Die Mischung LiCl—$BaCl_2$ ordnet sich in die Korrelation gut ein, wenn das Vorzeichen des Abszissenwertes (—1,68) geändert wird.

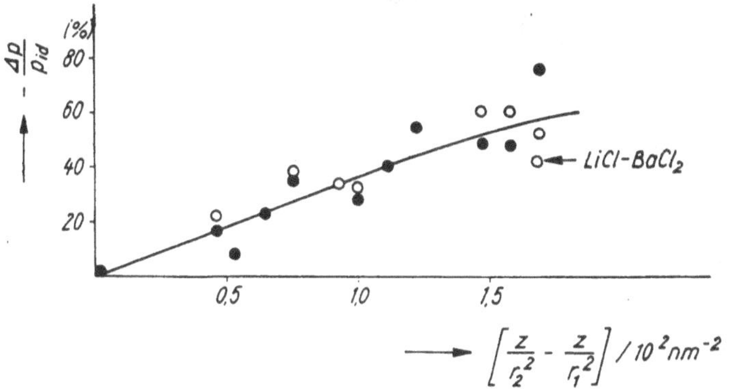

Abb. 23: Abweichung des Dampfdruckes der Mischungen von der Additivität (%) in Abhängigkeit von der Differenz der Ladungsdichten der Kationen.
○ Literaturdaten, ● eigene Werte

Das Li^+-Ion besitzt in dieser Mischung eine höhere Ladungsdichte als das Ba^{2+}-Ion und konkurriert mit diesem um die Anionen. Die Fähigkeit des Li^+-Ions zur Bildung von Struktureinheiten $[LiCl_4]^{3-}$ wurde von Smirnov [149] an Hand von Viskositätsmessungen im System LiCl—CsCl bestätigt.

Unter Berücksichtigung der Polarisierbarkeiten α der Anionen lassen sich thermodynamische und Transporteigenschaften binärer geschmolzener Salzmischungen gegen den Polarisationsparameter P korrelieren. Zuca und Olteanu [150] sowie Bräutigam u. a. [151] wandten diese Betrachtungsweise auf die Abweichungen der elektrischen Leitfähigkeit von Chlorid- bzw. Bromidmischungen von der Additivität an.

In Abb. 24 sind die Abweichungen des Dampfdruckes der Mischungen von der Idealität gegen P aufgetragen. Es ergibt sich eine gute Proportionalität zwischen den „Exzeßdampfdrücken" und der Änderung der Polarisationsenergie, auch wenn man berücksichtigt, daß sich die Angaben für r und α auf die Kristalle der reinen Salze beziehen. Nur lithium- und magnesiumhaltige Mischungen lassen sich nicht in diese Abhängigkeit einordnen. Damit ist es möglich, für ionische geschmolzene Mischungen den Einfluß der Ionenabstände und der Polarisierbarkeiten auf Eigenschaften der Mischungen (Dampfdruck, elektrische Leitfähigkeit, molare freie Exzeßenthalpie) zu quantifizieren.

Die Orientierungswerte der Exzeßentropien bestätigen die bereits aus den Dampfdrücken und G^E-Werten abgeleiteten Aussagen zum Einfluß von Kationen und Anionen auf interionische Wechselwirkungen. Negativere Werte für S^E belegen einen höheren Ordnungsgrad in den geschmolzenen Mischungen und somit eine stärkere Orientierung der Anionen auf die Erdalkalimetallkationen. Als Beispiel verdeutlicht Abb. 25 den Verlauf der S^E-Kurven bei Variation des Alkalimetallkations (MBr—$CaBr_2$) bzw. des Erdalkalimetallkations (RbBr—$M'Br_2$).

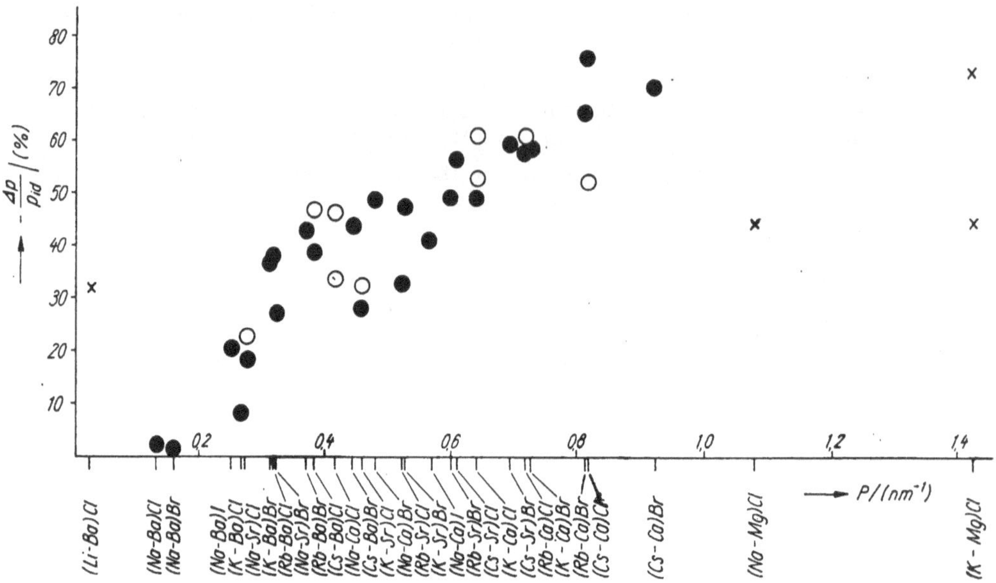

Abb. 24: Abhängigkeit des Exzeßdampfdruckes der Mischungen (%) vom Polarisationsparameter *P*.

○ Literaturdaten ● eigene Werte, × Mischungen mit teilweise kovalentem Bindungsteil

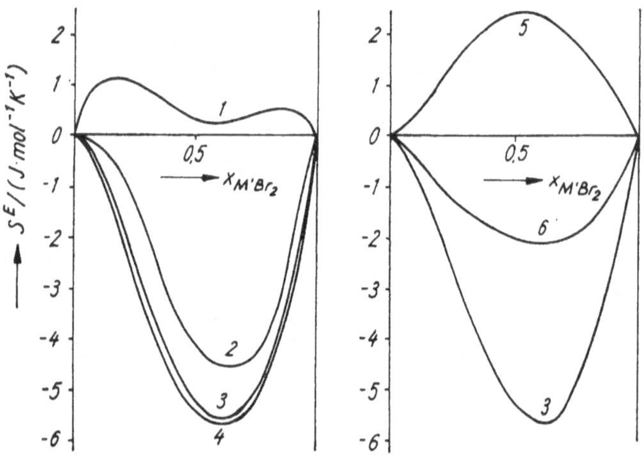

Abb. 25: Konzentrationsabhängigkeit der Exzeßentropien S^E ausgewählter Mischungen; 1073 K.
1 — $NaBr-CaBr_2$, 2 — $KBr-CaBr_2$, 3 — $RbBr-CaBr_2$,
4 — $CsBr-CaBr_2$, 5 — $RbBr-BaBr_2$, 6 — $RbBr-SrBr_2$

In den ionischen Schmelzen der reinen Salze besteht auf Grund der elektrostatischen Kräfte zwischen den Ionen ein mehr oder weniger symmetrischer Aufbau. Der Übergang fest → flüssig (der Schmelzprozeß) ist mit einer Volumenzunahme verbunden, die Nahordnung bleibt jedoch erhalten.

Beim Mischen von Salzen, deren Kationen nicht gleichwertig sind, werden die bestehende Symmetrie zerstört und die lokalen Wechselwirkungen zwischen Kationen und Anionen verändert. Die unterschiedlichen Parameter der Kationen beider Salze, wie Radius, Ladung und Polarisationsvermögen bewirken eine bevorzugte Koordination der Anionen um das Kation mit der größeren Ladungsdichte. Dabei sind die Wechselwirkungen um so größer, je stärker die Unterschiede der Ladungsdichten (oder auch der Ionenpotentiale) der beiden Kationen sind. Durch eine Polarisation der Elektronenhüllen der Anionen in Richtung auf das Kation mit der größeren Ladungsdichte kommt es zur Verstärkung der lokalen Wechselwirkungen und im Extremfall zur Ausbildung eines Anionenkomplexes.

Neben thermodynamischen Exzeßgrößen spiegeln vor allem die Transporteigenschaften strukturelle Änderungen in den geschmolzenen Salzmischungen wider [152]. Es wurde bereits früher versucht, diese Verhältnisse mit einem Modell zu beschreiben, das auf dem Leerstellenmodell von BOCKRIS und RICHARDS [153] beruht und das von ROEWER und EMONS zur Interpretation der Ionenbeweglichkeiten und Überführungszahlen benutzt wurde [154].

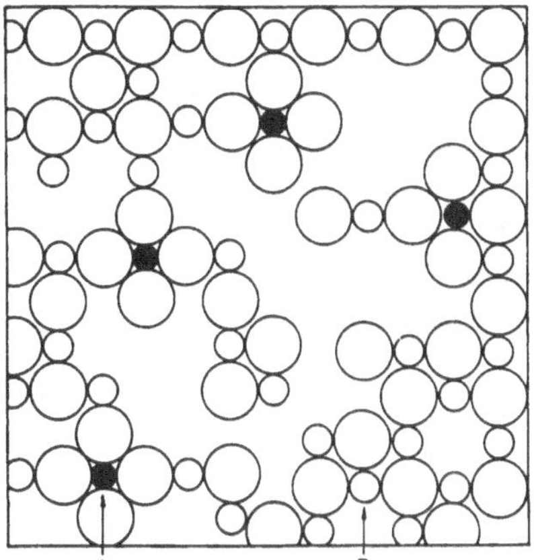

Abb. 26: Modifiziertes Leerstellenmodell für geschmolzene Halogenidmischungen (nach BOCKRIS [153]).

Dieses modifizierte Leerstellenmodell (Abb. 26) verdeutlicht die beträchtliche Zunahme der Zahl der Leerstellen in der Schmelze gegenüber dem Kristall. Die Translation der Ionen kann durch eine sprunghafte Wanderung in die Leerstellen erklärt werden.

Kationen, die sich auf den Positionen „B“ in der Nähe von Leerstellen befinden, werden als „frei“ bezeichnet. Die Kationen auf den Positionen „A“ sind auf Grund ihrer höheren Ladungsdichte von den Anionen bevorzugt koordiniert und praktisch „eingeschlossen“. Ihre Beweglichkeit wird dadurch verringert.

Die Dampfdruckmessungen an geschmolzenen Mischungen aus Alkalimetall- und Erdalkalimetallhalogeniden lassen sich in ihrer Gesamtheit mit dem modifizierten Leerstellenmodell nach BOCKRIS interpretieren, ohne allerdings eine Aussage über die Art der in der Schmelze vorhandenen Strukturelemente zuzulassen. Auch die relativ starken Abweichungen anderer Eigenschaften, wie Dichten, Molvolumina, elektrische Leitfähigkeiten, Viskositäten, Mischungsenthalpien usw., von der Idealität erlauben keine eindeutigen Schlußfolgerungen darüber, welche Spezies (z. B. $M'X_3^-$ oder $M'M_4^{2-}$) in der Schmelze existieren.

Desgleichen kann man zwar aus dem umfangreichen experimentellen Material ableiten, in welcher Reihenfolge die interionischen Wechselwirkungen zunehmen, eine Aussage über die Existenz von Komplexen als kinetisch stabilen Einheiten ist damit allein jedoch nicht möglich. Dazu müssen spektroskopische Untersuchungen herangezogen werden.

6. Möglichkeiten und Grenzen spektroskopischer Methoden bei der Untersuchung von Salzschmelzen

Die Kenntnis der Struktur, der thermodynamischen und Transporteigenschaften von Salzschmelzen und deren Mischungen ist die Grundlage für weitere Fortschritte auf dem Gebiet der Chemie und Elektrochemie geschmolzener Salze.

Die spektroskopischen Methoden (Raman-Spektroskopie und Massenspektrometrie) — wie auch andere Untersuchungsmethoden für Schmelzen — stehen auf Grund der hohen Temperaturen und oft aggressiven Medien vor zum Teil noch ungelösten Materialproblemen. Trotzdem haben sowohl Raman-Spektroskopie als auch Massenspektrometrie in den letzten Jahrzehnten eine stürmische Entwicklung erfahren.

Die Einführung des Lasers als Anregungsquelle brachte der Raman-Spektroskopie geschmolzener Salze eine beträchtliche Ausdehnung der Anwendungsmöglichkeiten. Höhere Strahlungsintensitäten und stabilere Arbeitsbedingungen ermöglichten Untersuchungen auch bei solchen Schmelzen, die keine molekularen Ionen enthalten.

Die gegenwärtigen ramanspektroskopischen Untersuchungen an Salzschmelzen lassen sich in zwei Richtungen einordnen:

- Strukturuntersuchung der geschmolzenen Spezies,
- Klärung der Natur interionischer Wechselwirkungen in Schmelzen.

Traditionelle Methoden, wie Messungen der elektrischen Leitfähigkeit, der Dichte, der Viskosität und von Überführungszahlen, liefern wichtige Hinweise auf strukturelle Änderungen besonders in Mischungen, lassen meist aber nur indirekte Schlüsse auf die Struktur der Spezies zu.

Zur Bestimmung der geometrischen und elektronischen Struktur der Teilchen sind spektroskopische Methoden unumgänglich. Dabei ist es sinnvoll, verschiedene Methoden zu kombinieren, wenn klar ist, welche Informationen in welchen Spektralbereichen erhalten werden können.

Angaben zur Natur der Wechselwirkungen zwischen den Teilchen in der Schmelze basieren auf der Analyse einzelner Banden (Frequenz, Intensität, Breite), aus der Potentialbarrieren, Reorientierungszeiten und andere Parameter, die die Molekülbewegung in Salzschmelzen charakterisieren, berechnet werden. Solche Arbeiten gibt es bisher nicht allzu häufig, sie werden aber in der Perspektive zunehmen.

Die ersten Untersuchungen anorganischer Stoffe mit der Hochtemperatur-Massenspektrometrie in Verbindung mit einem Knudsen-Zellen-Einlaßsystem wurden 1948 durchgeführt. Weiterentwicklungen der apparativen Seite führten dazu, daß derzeit die Massenspektrometrie eine der erfolgreichsten Methoden zum Studium von Gas—fest- oder Gas—flüssig-Gleichgewichten bei hohen Temperaturen ist.

Die anfänglichen Arbeiten beobachteten das Verhalten anorganischer Stoffe beim Verdampfen. Es wurden dabei vielfach Molekülarten nachgewiesen, die vorher lediglich spektroskopisch festgestellt wurden oder noch unbekannt waren. Dies betrifft vor allem komplexe Spezies im Dampf. Mittlerweile wurden solche qualitativen Untersuchungen der Dampfzusammensetzung auf praktisch alle anorganischen Verbindungsklassen ausgedehnt. Gewisse Beschränkungen gibt es noch bei sehr hohen Temperaturen (> 2000 K) und bei Substanzen, die sich zersetzen oder deren Dampfdruck so groß ist, daß die KNUDSEN-Effusionsmethode nicht anwendbar ist. Zum Teil behilft man sich mit anderen Einlaßsystemen.

Seit einigen Jahren wird die Hochtemperatur-Massenspektrometrie auch zum Studium des Mechanismus und der Kinetik der Verdampfung bzw. Kondensation und zur Aufklärung chemischer Reaktionen zwischen Gasen und festen Stoffen (chemische Transportreaktionen) benutzt.

Massenspektrometrisch können die Bestimmung des Dampfdruckes und damit Aussagen zur Verdampfungsthermodynamik (Verdampfungs-, Sublimations-, Reaktionsenthalpien) erfolgen. Die Methode erlaubt das „Ausschalten" von Verunreinigungen bei solchen Prozessen und auch die Ermittlung der Partialdampfdrücke einzelner Spezies.

Nicht zuletzt lassen sich aus den Massenspektren Ionisationspotentiale, Bindungsdissoziationsenthalpien und ähnliche Eigenschaften von Molekülen ableiten.

Während bei der Massenspektrometrie allgemein zahlreiche Versuche zur apparativen Weiterentwicklung der Methoden, vor allem durch Kombinationen, wie GC/MS oder MS/MS, zu verzeichnen sind, läßt sich bei der Hochtemperatur-Massenspektrometrie ein solcher Trend nur schwer erkennen.

Die Entwicklung und der Bau kommerzieller Geräte ist auf einige Firmen in den USA, Großbritannien, der BRD und der UdSSR beschränkt. Es gibt jedoch Anstrengungen, die Anwendbarkeit der Hochtemperatur-Massenspektrometrie durch Modifizierungen der Einlaßtechnik (Doppel- und Tripelzellen, unterschiedliche Probentemperaturen) auszudehnen.

7. SYMBOLVERZEICHNIS

A	Konstante
a	Aktivität
a_{Abst}	Abstoßungskräfte
a_{I-D}	Ion-Dipol-Wechselwirkungen
B	Konstante
c, c_0	Lichtgeschwindigkeit (im Vakuum)
Δc_p	Änderung der Wärmekapazität
d	Durchmesser
d_1, d_2	interionische Abstände $M-X$ bzw. $M'-X$
ΔE_p	Änderung der Polarisationsenergie
e	Elementarladung
F	elektrisches Feld
f_1, f_2	Aktivitätskoeffizienten
G^E	freie Exzeßenthalpie
$\Delta \overline{G}_T$	partiell molare freie Enthalpie (bei der Temperatur T)
ΔH_T	Enthalpieänderung (bei der Temperatur T)
$\Delta H_D{}^0$	Dimerisierungsenthalpie
ΔH^0_{298}, $\Delta H_T{}^0$	Bildungsenthalpien (von Komplexen)
ΔH^M	Mischungsenthalpie
$\Delta H^M/x_1x_2$	Enthalpie-Wechselwirkungsparameter
h	Höhe
I^+	Ionenstrom
$I_M{}^+$, $I_D{}^+$	Ionenstrom des Monomeren bzw. des Dimeren
I	Trägheitsmoment
IP	Ionenpotential
ΔIP	Differenz der Ionenpotentiale
K	spezifische elektrische Leitfähigkeit
$K_D{}'$, K_D	Gleichgewichtskonstanten des Dimerisierungsgleichgewichtes
k	BOLTZMANN-Konstante
l	Länge
M	Zeichen für Alkalimetalle (Li, Na, K, Rb, Cs)
M′	Zeichen für Erdalkalimetalle (Mg, Ca, Sr, Ba)
n	τ_1/τ_2
P	Polarisationsparameter
p	Dampfdruck
p_{01}	Dampfdruck der reinen Komponente
p_{id}	„idealer" Dampfdruck einer Mischung (nach der Additivitätsregel bestimmt)
p_i	Partialdampfdruck
Δp	Abweichung des Dampfdruckes der Mischung vom „idealen" Dampfdruck
p, dp	Zeichen für den Polarisationszustand einer RAMAN-Linie (polarisiert, depolarisiert)
R	allgemeine Gaskonstante

$r, r_{M^+}, r_{M'^{2+}}$	Ionenradien
ΔS_T	Entropieänderung bei der Temperatur T
$\Delta \bar{S}_{\mathrm{MCl}}$	partielle Mischungsentropie der Alkalimetallchloride
T	Temperatur (in Kelvin)
ΔT	Temperaturdifferenz
U_τ	Aktivierungsenergie der Umorientierung
V^E	Exzeßvolumen
X	Zeichen für Halogene (Cl, Br, I)
x, x_1, x_2	Molenbruch
x^l	Molenbruch (bezogen auf die flüssige Phase)
z, z_1, z_2	Ladung eines Ions
α	Polarisierbarkeit der Anionen
γ	Oberflächenspannung
η	dynamische Viskosität
$\Delta \Lambda^E$	molare Exzeßleitfähigkeit
λ	Wellenlänge
$\nu_1, \nu_2, \nu_3, \nu_4$	Spektrallinien
ν	Wellenzahl (cm^{-1})
$\Delta\nu$	Halbwertsbreite einer Spektrallinie
$\Delta\nu_0$	„Restbreite" einer Spektrallinie
ϱ	Dichte
τ, τ_1, τ_2	Umorientierungszeiten der Ionen (Teilchen)
τ_0	halbe Librationsperiode
τ_{FR}	Umorientierungszeit eines Ions bei freier Rotation

8. LITERATUR

[1] Emons, H.-H., Voigt, W.: „Zur Chemie geschmolzener Salze“; Sitzungsberichte der AdW der DDR, **15 N** (1981)

[2] Delimarskij, J. K.: „*Ionnye rasplavy v sovremennoj technike*“; Verlag Metallurgija, Moskva (1981)

[3] Waddington, T. C.: „*Nichtwäßrige Lösungsmittel*“; A. Hüthig-Verlag, Heidelberg (1972)

[4] Rhodes, E.: In: "*Water and Aqueous Solutions, Thermodynamics and Transport Processes*"; Interscience Publ., New York (1972), 175

[5] Janz, G. J. u. a.: "*Molten Salts*"; RPI Troy/USA; Vol. 1 (1968); Vol. 2 (1969); Vol. 3 (1972); Vol. 4/1 (1974); Vol. 4/2 (1976); Vol. 4/3 (1977); Vol. 4/4 (1979); Vol. 5/1 (1980)

[6] Janz, G. J. u. a.: "*Physical Properties Data Compilations Relevant to Energy Storage*"; Nat. Stand. Ref. Data Ser., Nat. Bur. Stand. (U.S.), **61** Parts I, II, IV (1979/81)

[7] Posypajko, V. I., Alekseeva, E. A.: „*Diagrammy plavkosti solevych sistem*“; Verlag Metallurgija/Chimija, Moskva (1977)

[8] Mamantov, G., Braunstein, J.: "*Advances in Molten Salt Chemistry*"; Vol. 1—4; Plenum Press, New York/London (1971/81); Vol. 5; Elsevier Sci. Publ., Amsterdam/New York (1983)

[9] Emons, H.-H., Horlbeck, W., Voigt, W.: Mitteilungsbl. Chem. Gesellsch. DDR **29** (1982) 2; Emons, H.-H., Bräutigam, G., Holldorf, H.; In: „*Neuere Entwicklungen der anorganischen Chemie*“; VEB Deutscher Verlag der Wissenschaften, Berlin (1974), 9

[10] Brooker, M. H., Huang, C. H.: Can. J. Chem. **58** (1980), 168

[11] Bues, W.: Z. anorg. allg. Chem. **279** (1955), 104

[12] Bues, W., Brockner, W.: Z. physik. Chemie [Neue Folge] **88** (1974), 290

[13] Hellmold, P.: „*Hochtemperaturreaktionen*“; Akademie-Verlag, Berlin (1983), 80

[14] Volkov, S. V.: Rev. Chim. Miner. **15** (1978), 59

[15] Ukše, E. A.: „*Stroenie rasplavlennych solej*“; Verlag, Mir, Moskva (1966)

[16] Antonov, B. D.: Ž. strukt. Chim **16** (1975), 501; **17** (1976), 46; **18** (1977), 722

[17] Biggin, S., Enderby, J. E.: J. Phys. C: Solid State Phys. **14** (1981), 3129, 3577; Enderby, J. E.: Proc. 3rd Int. Symp. Molten Salts (1980), 1

[18] Ohno, H., Furukawa, K.: J. Chem. Soc., Faraday Trans. *1* **74** (1978), 297; Furukawa, K., Ohno, H.: Proc. 3rd Int. Symp. Molten Salts (1980), 36

[19] Levy, H. A., Agron, P. A., Danford, M. D., Bredig, M. A.: Ann. N.Y. Acad. Sci. **79** (1960), 761

[20] Jacimirskij, K. B.: Pure Appl. Chem. **49** (1977), 115

[21] Øye, H. A., Gruen, D. M.: In: "*Selected Topics in High-Temperature Chemistry*"; Universitätsforlaget, Oslo (1966), 61

[22] Corbett, J. D.: Surv. Progr. Chem. **2** (1964), 91

[23] Volkov, S. V., Jacimirskij, K. B.: „*Spektroskopija rasplavlennych solej*“; Verlag Naukova Dumka, Kiev (1977)

[24] Egoryčev, A. K., Prisjažnyj, V. D., Baranov, S. P.: Ž. prikl. Spektr. **18** (1973), 516

[25] Irish, D. E., Young, T. F.: J. Chem. Phys. **43.** (1965), 1765

[26] Klaeboe, P.: Z. Chem. **21** (1981), 381

[27] KIRILLOV, S. A.: Dissertation, Kiev (1973)
[28] IONOV, N. I.: Dokl. Akad. Nauk SSSR **59** (1948), 467
[29] CHUPKA, W. A., INGHRAM, M. G.: J. Chem. Phys. **21** (1953), 371, 1313; **22** (1954), 1472
[30] HONIG, R. E.: J. Chem. Phys. **22** (1954), 126
[31] SEMENOV, G. A., NIKOLAEV, E. N., FRANCEVA, K. E.: „*Primenenie mass-spektrometrii v neorganičeskoj chimii*"; Verlag Chimija, Leningrad (1976)
[32] GINGERICH, K. A.: In: "*Current Topics in Material Science*"; Vol. 6; North-Holland Publ. Co., Amsterdam (1980), 345
[33] SCHÄFER, H.: Angew. Chem. **88** (1976), 775
[34] MUCKLEJOHN, S. A., O'BRIEN, N. W.: Int. J. Mass Spectrom. Ion Phys. **47** (1983), 231
[35] SCHÄFER, H., BINNEWIES, M.: Z. anorg. allg. Chem. **410** (1974), 251
[36] HASTIE, J. W.: In: "*Advances in Molten Salt Chemistry*"; Vol. 1; Plenum Press, New York/London (1971), 225
[37] SVEDBERG, R. C.: In: "*Modern Aspects of Mass Spectrometry*"; Plenum Press, New York (1968), 169
[38] SIDOROV, L. N.: In: „*Sovremennye problemy fizičeskoj chimii*"; **6** (1972), 295
[39] SIDOROV, L. N., KOROBOV, M. V.: In: „*Sovremennye problemy fizičeskoj chimii*"; **9** (1976), 49
[40] KIESSLING, D.: Dissertation, TH Leuna—Merseburg (1981)
[41] LASCOMBE, J., PERROT, M.: Disc. Faraday Soc. **66** (1978), 216
[42] KIRILLOV, S. A., HORLBECK, W.: Z. phys. Chem. [Leipzig] **260** (1979), 931
[43] VALIEV, K. A.: Ž. eksp. teor. Fiz. **38** (1960), 1222; **40** (1961), 1832
[44] NEWNS, D. M., STAVELEY, L. A. K.: Chem. Revs. **66** (1966), 267
[45] HORLBECK, W., DELIMARSKIJ, J. K., KIRILLOV, S. A.: Optika i spektroskopija **37** (1974), 802
[46] KIRILLOV, S. A., DELIMARSKIJ, J. K., HORLBECK, W.: Z. phys. Chem. [Leipzig] **259** (1978), 65
[47] SNEŽKOV, V. I., KIRILLOV, S. A., PRISJAŽNYJ, V. D.: Optika i spektroskopija **43** (1977), 991
[48] NAFIE, L., PETICOLAS, W.: J. Chem. Phys. **57** (1972), 3145
[49] DELIMARSKIJ, J. K., KIRILLOV, S. A.: Teor. eksp. Chim. **10** (1974), 201
[50] BARTOLI, F. J., LITOVITZ, T. A.: J. Chem. Phys. **56** (1972), 413
[51] SARKA, K., KIRILLOV, S. A.: Ukr. fiz. Ž. **25** (1980), 93
[52] SARKA, K., KIRILLOV, S. A.: Ukr. fiz. Ž. **26** (1981), 1118
[53] GAFUROV, M. M., KIRILLOV, S. A., SARKA, K., GADŽIEV, A. Z., HORLBECK, W.: Ukr. fiz. Ž. **27** (1982), 1281
[54] KIRILLOV, S. A., GORODYSKIJ, A. V.: Dokl. Akad. Nauk SSSR **261** (1981), 1371
[55] VOLKOV, S. V., GRIŠČENKO, V. F., DELIMARSKIJ, J. K.: „*Koordinacionnaja chimija solevych rasplavov*"; Verlag Naukova Dumka, Kiev (1977)
[56] DELIMARSKIJ, J. K., MARKOV, B. F.: „*Elektrochimija rasplavlennych solej*"; Verlag Metallurgizdat, Moskva (1960)
[57] PETRUCCI, S.: "*Ionic Interactions from Fused Solutions to Fused Salts*"; Vol. 1; Academic Press, New York/London (1971)
[58] BLOOM, H., BOCKRIS, J. O'M.: In: „*Stroenie rasplavlennych solej*"; Verlag Mir, Moskva (1966), 7
[59] BLANDER, M., BRAUNSTEIN, J.: Ann. N.Y. Acad. Sci. **79** (1960), 838
[60] FØRLAND, T.: In: „*Stroenie rasplavlennych solej*"; Verlag Mir, Moskva (1966), 185
[61] FLENGAS, S. N., INGRAHAM, T. R.: J. Electrochem. Soc. **106** (1959), 714
[62] GRUEN, D. M.: In: "*Fused Salts*"; McGraw-Hill, New York (1964)
[63] WILMSHURST, J. K.: J. Chem. Phys. **39** (1963), 1779
[64] ATAPOUR, M.: Dissertation, TU Clausthal (1979); BUES, W., ATAPOUR, M., POPPERL, G.: 4th Int. Symp. Molten Salts; San Francisco (1983)
[65] RAPTIS, C., MITCHELL, E. W. J.: "*Raman Spectrosc.: Linear and Nonlinear*"; Proc. 8th Int. Conf., Bordeaux (1982), 377

[66] Mitchell, E. W. J., Raptis, C.: J. Phys. C: Solid State Phys. **16** (1983), 2973
[67] Moyer, J. R., Evans, J. C., Lo, G. Y. S.: J. Electrochem. Soc. **113** (1966), 158
[68] Itoh, M., Sakai, K., Nakamura, T.: Inorg. Chem. **21** (1982), 3552
[69] Ellis, R. B.: J. Electrochem. Soc. **113** (1966), 485
[70] Tanaka, M., Balasubramanyam, K., Bockris, J. O'M.: Electrochim. Acta 8 (1963), 621
[71] Maroni, V. A., Hathaway, E. J.: Electrochim. Acta **15** (1970), 1837
[72] Clarke, J. H. R., Hartley, P. J., Kuroda, Y.: J. Phys. Chem. **76** (1972), 1831
[73] Janz, G. J., James, D. W.: J. Chem. Phys. **38** (1963), 905
[74] Balasubramanyam, K., Nanis, L.: J. Chem. Phys. **40** (1964), 2657
[75] Tanemoto, K., Nakamura, T.: Jap. J. Appl. Phys. **17** (1978), 2161
[76] Tanemoto, K., Nakamura, T.: Chem. Lett. (1975), Nr. 4, 351
[77] Bues, W., El-Sayed, L., Øye, H. A.: Acta chem. scand. **A31** (1977), 461
[78] Balasubramanyam, K.: J. Chem. Phys. **44** (1966), 3270
[79] Maroni, V. A., Hathaway, E. J., Cairns, E. J.: J. Phys. Chem. **75** (1971), 155
[80] Maroni, V. A.: J. Chem. Phys. **55** (1971), 4789
[81] Brooker, M. H.: J. Chem. Phys. **63** (1975), 3054
[82] Vallier, J., Lira, R.: C. R. Acad. Sci., Ser. C, **259** (1974), 4579
[83] El-Akhras, Z.: Dissertation, TU Clausthal (1977)
[84] Rytter, E., Øye, H. A., Cyvin, S. J., Cyvin, B. N., Klaeboe, P.: J. Inorg. Nucl. Chem. Lett. **35** (1973), 1185
[85] Gerding, H., Houtgraaf, H.: Rec. trav. chim. **72** (1953), 21,
[86] Balasubramanyam, K., Nanis, L.: Chem. Phys. 42 (1965), 676
[87] Torsi, G., Mamantov, G., Begun, G. M.: Inorg. Nucl. Chem. Lett. **6** (1970), 553
[88] Cyvin, S. J., Klaeboe, P., Rytter, E., Øye, H. A.: J. Chem. Phys. **52** (1970), 2776
[89] Devjatkina, E. T., Golubkova, G. V., Eremeeva, T. P., Petrov, E. S.: Izvest. Sibir. Otd. Akad. Nauk SSSR, Ser. Chim. Nauk (1981), Nr. 5, 47
[90] Øye, H. A., Bues, W.: Inorg. Nucl. Chem. Lett. 8 (1972), 31
[91] Øye, H. A., Bues, W.: Acta chem. scand. **A29** (1975), 489
[92] Clarke, J. H. R., Hester, R. E.: J. Chem. Phys. **50** (1969), 3106
[93] Øye, H. A., Rytter, E., Klaeboe, P.: J. Inorg. Nucl. Chem. **36** (1974), 1925
[94] Iwamoto, N., Umesaki, N., Asahina, T., Kosaka, M.: Nippon Kagaku kaishi (1982), Nr. 6, 920
[95] Igarashi, K., Nijima, T., Mochinaga, J.: Proc. 1st Int. Symp. Molten Salt Chem. Technol.; Kyoto (1983), 469
[96] Gans, P.: "*Vibrating Molecules: An Introduction to the Interpretation of IR and Raman Spectra*"; Chapman and Hall, London (1971)
[97] Kleppa, O. J., McCarty, F. G.: J. Phys. Chem. **70** (1966), 1249
[98] Østvold, T.: J. Phys. Chem. **76** (1972), 1616
[99] Østvold, T.: High Temp. Sci. **4** (1972), 51
[100] Kleppa, O. J.: Adv. Phys. Geochem. **1** (1981), 179
[101] Cartledge, G. H.: J. Amer. Chem. Soc. **50** (1928), 2863
[102] Janz, G. J., Tomkins, R. P. T., Allen, C. B., Downey, J. R.: J. Phys. Chem. Ref. Data **4** (1975), 871
[103] Kellner, G.: Z. anorg. allg. Chem. **99** (1917), 137
[104] Riccardi, R., Sinistri, C., Campari, G. V., Magistris, A.: Z. Naturforsch. **A25** (1970), 781
[105] Emons, H.-H., Bräutigam, G., Horlbeck, W.: Chem. Zvesti **30** (1976), 748
[106] Seifert, H. J., Haberhauer, D.: Z. anorg. allg. Chem. **491** (1982), 301
[107] Seifert, H. J., Wasel-Nielen, J.: Rev. Chim. Miner. **14** (1977), 503
[108] Seifert, H. J., Müller, B., Stötzel, E.: Rev. Chim. Miner. **17** (1980), 147
[109] Markov, B. F.: Dissertation, Kiev (1956)

MARKOV, B. F.: „*Termodinamka rasplavlennych solevych smesej*"; Verlag Naukova Dumka, Kiev (1974)

[110] MENGE, O.: Z. anorg. allg. Chem. **72** (1911), 162

[111] LILLEBUEN, B.: Ph. D. Thesis, NTH Trondheim/Norway (1969)

[112] GRJOTHEIM, K., HOLM, J. L., LILLEBUEN, B., ØYE, H. A.: Trans. Faraday Soc. **67** (1971) 640

[113] GRJOTHEIM, K., HOLM, J. L., LILLEBUEN, B., ØYE, H. A.: Acta chem. scand. **A26** (1972) 2050

[114] GRJOTHEIM, K., NIKOLIC, R., ØYE, H. A.: Acta chem. scand. **A24** (1970), 489

[115] DUMAS, D., FJELD, B., GRJOTHEIM, K., ØYE, H. A.: Acta chem. scand. **A27** (1973), 319

[116] KUŠKIN, B. N., RODJAKIN, V. V., KUZNECOV, S. I.: Ž. neorg. Chim. **12** (1967), 791

[117] EGAN, J. J., BRACKER, J.: J. Chem. Thermodyn. **6** (1974), 9

[118] SATO, T., AMANO, T.: Kinzoku no kenkyu **11** (1934) 549

[119] BRÄUTIGAM, G., EMONS, H.-H.: Z. anorg. allg. Chem. **394** (1972), 271

[120] EMONS, H.-H., BRÄUTIGAM, G., VOGT, H.: Z. anorg. allg. Chem. **394** (1972), 263

[121] TOPOR, L., MOLDOVEANU, I.: Rev. Roum. Chim. **21** (1976), 495

[122] SAINTE-CLAIRE DEVILLE, H., TROOST, L.: C. R. Acad. Sci. **45** (1857), 821

[123] SCHÄFER, H.: Pure Appl. Chem. **49** (1977), 871

[124] EMONS, H.-H., HORLBECK, W., KIESSLING, D.: Z. Chem. **21** (1981), 416

[125] EMONS, H.-H., HORLBECK, W., KIESSLING, D.: Z. anorg. allg. Chem. **488** (1982), 212

[126] BAUER, S. H., PORTER, R. F.: In: "*Molten Salt Chemistry*"; J. Wiley and Sons, New York (1964)

[127] EMONS, H.-H., KIESSLING, D., HORLBECK, W.: Z. anorg. allg. Chem. **488** (1982), 219

[128] HILDENBRAND, D. L.: Int. J. Mass Spectrom. Ion Phys. **4** (1975), 75

[129] BERKOWITZ, J., MARQUART, J. R.: J. Chem. Phys. **37** (1962), 1853

[130] KIESSLING, D., POHL, D., WITTENBECHER, K., EMONS, H.-H., HORLBECK, W.: Z. Chem. **18** (1978), 350

[131] EMONS, H.-H., HORLBECK, W., KIESSLING, D.: Z. anorg. allg. Chem. **507** (1983), 142

[132] BINNEWIES, M., SCHÄFER, H.: Z. anorg. allg. Chem. **395** (1973), 77

[133] EMONS, H.-H., KIESSLING, D., HORLBECK, W.: Ext. Abstr. 4th Conf. Soc. Countries Molten Salt Chem. Electrochem.; Balatonfüred (1981), 19

[134] STULL, D. R., PROPHET, H.: JANAF Thermochem. Tables, 2nd Edit., NSRDS-NBS Nr. 37, (1971)

[135] BINNEWIES, M., SCHÄFER, H.: Z. anorg. allg. Chem. **407** (1974), 327

[136] NOVIKOV, G. I., KUZ'MENKO, A. L.: Vestn. Leningr. Univ., Fiz. Chim. (1964) Nr. 16, 165

[137] KARPENKO, N. V., SEVASTJANOVA, T. N.: Probl. sovrem. chim. koord. soedin. (1970) Nr. 3, 48

[138] BLOOM, H., WILLIAMS, D J.: J. Phys. Chem. **75** (1981), 4636

[139] BLUMENTHAL, G., WEGNER, G.: Wissensch. Fortschr. **33** (1983), 273

[140] THOMAS, R.: Dissertation, TH Leuna—Merseburg (1975)

[141] EMONS, H.-H., BRÄUTIGAM, G., THOMAS, R.: Chem. Zvesti **30** (1976), 773

[142] WITTENBECHER, K.: Dissertation, TH Leuna—Merseburg (1980)

[143] EMONS, H.-H., KIESSLING, D., HORLBECK, W., WITTENBECHER, K.: Chem. Zvesti, im Druck

[144] EMONS, H.-H., HORLBECK, W.: 4th Int. Symp. Molten Salts; San Francisco (1983)

[145] BELJAEV, A. I., ŽEMČUŽINA, E. A., FIRSANOVA, L. A.: „*Physikalische Chemie geschmolzener Salze*"; VEB Deutscher Verlag für Grundstoffindustrie, Leipzig (1964), 84

[146] ABRAMO, M. C., CACCAMO, C., PIZZIMENTI, G., PARRINELLO, M., TOSI, M.: J. Chem. Phys. **68** (1978), 2889

[147] PAULING, L.: „*Die Natur der chemischen Bindung*"; Verlag Chemie, Weinheim (1962)

[148] LUMSDEN, J.: "*Thermodynamics of Molten Salt Mixtures*"; Academic Press, New York/ London (1966)

[149] SMIRNOV, M. V., CHOCHLOV, V. A.: Trudy Inst. Elektrochim. Uralsk. Fil. Akad. Nauk SSSR (1967), Nr. 10, 31

[150] ZUCA, S., OLTEANU, M.: Rev. Roum. Chim. **26** (1975), 449

[151] BRÄUTIGAM, G., EMONS, H. H., MATIASOVSKY, K., FELLNER, P.: Z. anorg. allg. Chem. **468** (1980), **111**

[125] BRÄUTIGAM, G.: Dissertation, TH Leuna—Merseburg (1970)

[153] BOCKRIS, J. O'M., RICHARDS, N. E.: Proc. Roy. Soc. (London) **A 241** (1957), 44

[154] ROEWER, G., EMONS, H.-H.: Z. anorg. allg. Chem. **370** (1969), 128

Die vorliegende Arbeit wurde in den Jahren von 1975 bis 1983 in der Sektion Chemie der Bergakademie Freiberg und der Sektion Chemie der Technischen Hochschule „Carl Schorlemmer" Leuna—Merseburg angefertigt.

Eine besondere Förderung erfuhren unsere Untersuchungen durch die Möglichkeit, ramanspektroskopische Messungen im Institut für Allgemeine und Anorganische Chemie der Ukrainischen Akademie der Wissenschaften in Kiew und im Chemischen Institut der Universität Oslo durchführen zu können.

Unser herzlicher Dank gilt den Mitarbeitern dieser beiden Einrichtungen, besonders *Prof. Dr. J. K. Delimarskij, Dr. S. A. Kirillov, Prof. Dr. K. Grjotheim* und *Dr. P. Klaeboe*, für die Unterstützung bei den experimentellen Arbeiten und wesentliche Anregungen bei der Diskussion der Ergebnisse.

Gleichfalls möchten wir allen Mitarbeitern des Wissenschaftsbereiches „Anorganische Chemie" der Bergakademie Freiberg für das stete Interesse am Fortgang unserer Arbeiten danken.

ABHANDLUNGEN DER SÄCHSISCHEN AKADEMIE DER WISSENSCHAFTEN ZU LEIPZIG

Mathematisch-naturwissenschaftliche Klasse

Band 50

Heft 1 Prof. Dr. Peter Friedrich Matzen, **Probleme der operativen Skoliosenbehandlung**
1968. 26 Seiten — 29 Abbildungen — 4° — M 9,50

Heft 2 Dr. Oskar Intrau, **Kompositionstafeln quaternärer quadratischer Formen**
1970. XXIV, 121 Seiten — 4° — M 16,20

Heft 3 Felix Lampadius, **Der Burkhardtswald bei Aue als klassisches Beispiel waldbaulicher Rauchschadenabwehr**
1969. 24 Seiten — 1 Faltkarte — 6 Tabellen — 4° — M 4,50

Heft 4 Dr. habil. Günter Sachse, **Die Reinigung radioaktiv kontaminierter Abwässer durch Kontaktenthärtung und Ionenaustausch**
1971. 132 Seiten — 91 Abbildungen, davon 60 auf 23 Kunstdrucktafeln — 67 Tabellen — 4° — M 26,—

Band 51

Heft 1 **Beiträge zur Chemie und Technologie der Brennstoffe**
Gedenkschrift für Prof. Dr. techn. habil. Anton Lissner
Herausgegeben von Prof. Dr.-Ing. Dr.-Ing. eh. Erich Rammler
1971. 146 Seiten — 1 Titelbild — 57 Textabbildungen, davon 6 auf 3 Tafeln — 35 Tabellen — 4° — M 26,—

Heft 2 Dr. Günter Herrmann, **Beiträge zur Bestimmung von Schwefeldioxid in der Atmosphäre und Herstellung von Schwefeldioxid-Luft-Gemischen**
1971. 179 Seiten — 74 Abbildungen, davon 13 auf 10 Kunstdrucktafeln — 41 Tabellen — 4° — M 29,—

Heft 3 Prof. Dr. med. Georg Merrem, **Die parasagittalen Meningiome**
Zum Gedächtnis des Begründers der deutschen Neurochirurgie Prof. Dr. Fedor Krause 1857—1937
1971. 38 Seiten — 20 Abbildungen — 1 Tabelle — M 10,—

Heft 4 Prof. Dr. Maximilian Klinkowski, **Epidemien und Pandemien pflanzenpathogener Krankheitserreger in ihrer Beziehung zum Menschen**
1971. 54 Seiten — 41 Abbildungen — 4 Tabellen — 4° — M 10,70

Heft 5 Prof. Dr. Gustav E. R. Schulze und Dr. Peter Paufler, **Die plastische Verformung „spröder“ intermetallischer Verbindungen und ihre Elementarprozesse**
1972. 24 Seiten — 14 Abbildungen — 11 Tabellen — 4° — M 5,40

Band 52

Heft 1 Prof. Dr. Kurt Mothes, **Über sekundäre Pflanzenstoffe**
1972. 29 Seiten — 18 Abbildungen — 4° — M 5,50

Heft 2 Prof. Dr. Dietrich Uhlmann, **Störungen des biologischen Gleichgewichts in Gewässern**
1973. 17 Seiten — 16 Abbildungen — 4° — M 4,50

Heft 3 FELIX LAMPADIUS, **Beitrag zum Nachweis der Wertminderung des Waldes als Folge von Immissionseinwirkung**
1974. 27 Seiten — 4 Abbildungen — 8 Tabellen — 4° — M 6,50

Heft 4 Dr. MANFRED KLOSE, **Beiträge zur D- und V-Struktur von Wasser und speziellen wäßrigen Elektrolytlösungen**
1974. 63 Seiten — 22 Abbildungen — 21 Tabellen — 4° — M 16,—

Heft 5 Prof. Dr. med. HORST HANSON, **Eiweißumsatz und Differenzierungsvorgänge tierischer Zellen**
1974. 26 Seiten — 13 Abbildungen — 9 Tabellen — 4° — M 6,—

Band 53

Heft 1 **3. Internationales Symposium über Probleme der Passivität von Metallen**
(Technische Universität Dresden, 29.—31. 5. 1975)
1979. 171 Seiten — 150 Abbildungen, davon 26 auf 10 Tafeln — 27 Tabellen — 4°
M 42,—

Heft 2 Prof. Dr. LOTHAR JENTSCH, **Zur Existenz von regulären Lösungen der Elastostatik stückweise homogener Körper mit neuen Kontaktbedingungen an den Trennflächen zwischen zwei homogenen Teilen**
1977. 45 Seiten — 4° — M 18,—

Heft 3 Prof. Dr.-Ing. Dr. h. c. mult. KURT SCHWABE und Dr. CHRISTIAN QUECK, **Freie Überführungsenthalpien von Einzelionen aus Wasser in organische Solventien. Eine kritische Übersicht**
1979. 104 Seiten — 38 Abbildungen — 47 Tabellen — 4° — M 22,—

Heft 4 Dr. KARL STREHMEL, **Näherungsmethoden zur Ermittlung von transsonischen Profilströmungen mit Verdichtungsstößen**
1978. 78 Seiten — 25 Abbildungen — 4° — M 23,—

Band 54

Heft 1 Prof. Dr. phil. ERNST NEEF, **Analyse und Prognose von Nebenwirkungen gesellschaftlicher Aktivitäten im Naturraum**
Mit Beiträgen von A. Bernhardt, K. D. Jäger und K. Mannsfeld
1979. 70 Seiten — 7 Abbildungen — 1 Falttafel — 2 Tabellen — gr. 8° — M 13,50

Heft 2 Dr. GUNTER KABISCH, **Schwingungsspektroskopische und Kernresonanzuntersuchungen an Tetraalkylammoniumsalzlösungen**
1979. 71 Seiten — 29 Abbildungen — 11 Tabellen — gr. 8° — M 14,—

Heft 3 Prof. Dr. DIETRICH UHLMANN, **Künstliche Ökosysteme**
1980. 34 Seiten — 17 Abbildungen — 2 Tabellen — gr. 8° — M 5,50

Heft 4 Prof. Dr. HERMANN BERG, **Der Formenwandel einer DNA-Doppelhelix in Lösung, an der Elektrode und seine molekularbiologische Bedeutung**
1981. 45 Seiten — 40 Abbildungen — 3 Tabellen — gr. 8° — M 8,50

Heft 5 Prof. Dr. MANFRED GERSCH, **Zur Evolution des Hormonsystems im Tierreich**
1982. 33 Seiten — 6 Abbildungen — 12 Tabellen — gr. 8° — M 5,50

Band 55

Heft 1 Prof. Dr. HERBERT JORDAN, **Aug' um Ohr: Goethes Zugang zur Musik**
1982. 39 Seiten — 4 Abbildungen — gr. 8° — M 7,50

Heft 2 Prof. Dr. WILHELM OELSSNER, **Computertomographie,** Eine Übersicht
1983. 36 Seiten — 41 Abbildungen — gr. 8° — M 7,50

Heft 3 Prof. Dr. KARL MANNSFELD, **Landschaftsanalyse und Ableitung von Naturraumpotentialen**
1983. 109 Seiten — 6 Abbildungen — 9 Karten — 22 Tabellen — gr. 8° — M 40,—

Heft 4 Prof. Dr. DIETRICH UHLMANN, **Ökologische Probleme der Trinkwassergewinnung aus Talsperren**
1983. 24 Seiten — 15 Abbildungen — gr. 8° — M 5,—

Heft 5 Prof. Dr. WOLFGANG BUCHHEIM, **Beiträge zur Komplementarität**
1983. 63 Seiten — 6 Abbildungen — gr. 8° — M 10,—

Band 56

Heft 1 Dr. H.-G. EGERTER, Dr. G. PLÖTNER, Dr. J. DVOŘAK, Prof. Dr. med. HERBERT JORDAN, **Geochemische Beziehungen in vogtländisch-westböhmischen Mineralwässern**
1984. 60 Seiten — 12 Abbildungen — 11 Tabellen — gr. 8° — M 10,—

Heft 2 Dr. WOLFGANG HORLBECK, Prof. Dr. Dr. HANS-HEINZ EMONS, **Spektroskopische Methoden zur Charakterisierung geschmolzener Salze** *Vorliegendes Heft*

Bis Band 48 vom Zentralantiquariat der Deutschen Demokratischen Republik, Leipzig, ab Band 49 durch die Universitätsbuchhandlung, 7010 Leipzig, zum Teil noch lieferbar.

Bestellungen einzeln oder zur Fortsetzung durch eine Buchhandlung erbeten

AKADEMIE-VERLAG

DDR-1086 Berlin, Leipziger Straße 3—4

Papier | Fördert gute Waldnutzung
FSC® C083411

Zeitfracht Medien GmbH
Ferdinand-Jühlke-Straße 7
99095 Erfurt, Deutschland
produktsicherheit@kolibri360.de